U0242561

中国蜜蜂资源与利用丛书

蜂产品加工技术

Technology for Processing of Bee-Products

吴 帆 编著

中原农民出版社
·郑州·

图书在版编目（CIP）数据

蜂产品加工技术 / 吴帆编著 . —郑州 ：中原农民出版社，2018.9
（中国蜜蜂资源与利用丛书）
ISBN 978-7-5542-1991-1

Ⅰ . ①蜂… Ⅱ . ①吴… Ⅲ . ①蜂产品 – 加工
Ⅳ . ① S896

中国版本图书馆 CIP 数据核字（2018）第 191913 号

蜂产品加工技术

出 版 人　刘宏伟
总 编 审　汪大凯

策划编辑　朱相师
责任编辑　尹春霞
责任校对　肖攀锋
装帧设计　薛　莲

出版发行　中原出版传媒集团　中原农民出版社
（郑州市经五路66号　邮编：450002）
电　　话　0371-65788655
制　　作　河南海燕彩色制作有限公司
印　　刷　北京汇林印务有限公司
开　　本　710mm × 1010mm　1/16
印　　张　12.75
字　　数　139千字
版　　次　2018年12月第1版
印　　次　2018年12月第1次印刷

书　　号　978-7-5542-1991-1
定　　价　60.00元

中国蜜蜂资源与利用丛书
编委会

本书作者

吴　帆

前　言

Introduction

经过数十年的发展，我国已经凭借超过 900 万群的养蜂数量居于世界养蜂大国前列。国外养蜂主要用于农业授粉和采蜜，而我国养蜂则主要用于生产蜂蜜、蜂花粉、蜂王浆、蜂胶等各种蜂产品，所以我国也是蜂产品输出大国。我国植物物种多样，地理资源丰富，具有得天独厚的蜂产品生产的资源优势。据 2016 年统计，我国全年生产蜂蜜 50 万吨以上、蜂王浆约 4 000 吨、蜂胶约 500 吨、蜂花粉超过 6 000 吨，还有蜂毒和蜂蜡等产品，直接经济效益早已超过 100 亿元。此外，养蜂为人类带来了各种社会效益和生态效益。

蜂产品是天然的营养品，是追求绿色安全生活的现代人的首选保健品。研究表明，蜂产品不仅能够增强体质、提高免疫力、改善人体代谢，而且在抗菌和抑制肿瘤等药理学方面具有显著效果。蜂产品成分复杂，只有经过科学合理的加工才更有利于消费者利用。但由于基础和应用研究不足，精深加工技术研究滞后，蜂产品多以原料和粗加工的形式进入市场。这不仅导致蜂产品附加值比较低，而且消费者不能充分吸收利用其中的活性物质和营养成分。

本书根据我国蜂业发展的格局和规模，分六个专题分别阐述了蜂蜜、蜂王浆、蜂胶、蜂花粉、蜂毒和蜂蜡产品的主要成分、生理功能、初级加工和深加工技术。蜂产品加工的最终目的是要获得符合规定要求的产品，并把它们推向市场，所以本书也介绍了我国蜂产品的产业现状和质量标准。本书具有广泛的适用性和可操作性，适合蜂产品生产加工、蜂业管理人员、科研工作者以及蜂产品爱好者阅读和参考。

本书的编写得到国家现代蜂产业技术体系（CARS-44-KXJ14）和中国农业科学院科技创新工程项目（CAAS-ASTIP-2015-IAR）的大力支持。

本书力求全面介绍目前科研工作者对蜂产品成分和功能的研究进展，详述蜂产品加工产业最新发展趋势，举例说明部分蜂产品配方工艺与加工技术。但由于编写时间紧迫，编者自身水平有限，书中不足之处在所难免，恳请读者批评指正。另外，在书稿编写过程中使用了一些珍贵照片，在此表示感谢。

编者

2018 年 7 月

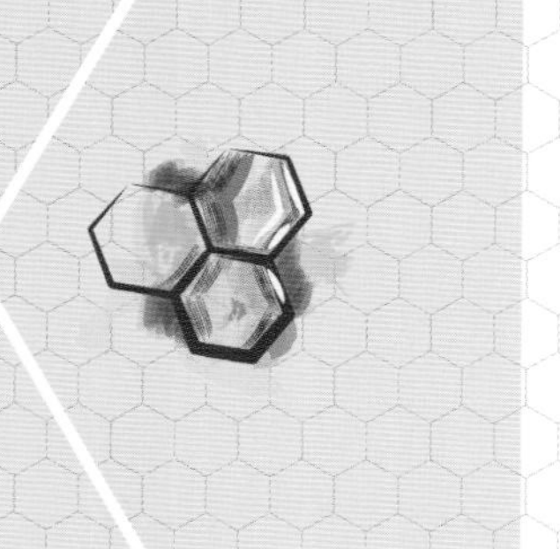

目 录

Contents

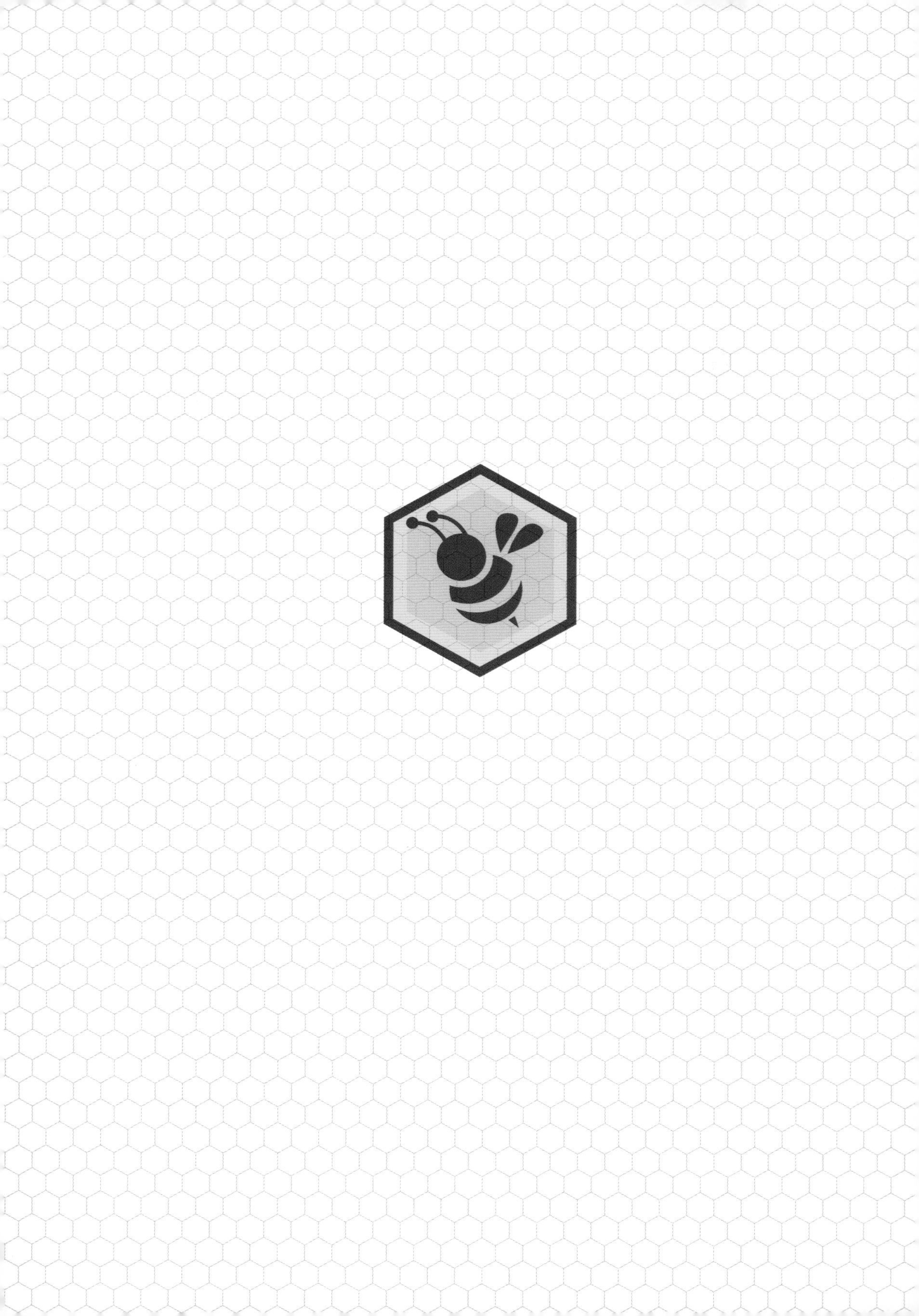

专题一

蜂蜜产品的加工技术

在众多的蜂产品中，蜂蜜是我们最熟悉的一种，也是市场上消费最多的一类蜂产品。本专题详细介绍了蜂蜜的化学成分、生理功能以及蜂蜜相关产品的加工技术，同时也简单介绍了我国蜂蜜产品加工行业现状及相关质量标准。

一、蜂蜜简介

蜂蜜不是蜜蜂的排泄物或口水，而是蜜蜂从开花植物的花中采得的花蜜或取食在植物体上残留的昆虫分泌物后在蜂巢中酿制的过饱和糖类物质，具有很高的营养价值。成熟蜂蜜见图 1–1。

图 1–1　收集过滤的成熟蜂蜜（李建科　摄）

蜂蜜的生产需要不同日龄的蜜蜂协同配合。首先，18 日龄后的采集蜂出房从植物的花中采取含水量约为 75% 的花蜜或昆虫分泌物，存入自己的蜜囊（第二个胃）中，受体内多种酶的转化作用后，吐出并储存在蜂房内，经过 15 天左右反复酝酿，把花蜜中的多糖转变成人体可直接吸收的单糖物质（葡萄糖和果糖）。同时，内勤蜂扇风蒸发水分，使水分含量小于 23%，这时各种维生素、矿物质和氨基酸丰富到一定的数值，存储到巢房中，用蜂蜡密封。由于蜂蜜是糖的过饱和溶液，低温时会产生结晶，产生结晶的部分是葡萄糖，不产生结晶的部分主要是果糖。

由于蜜源不同，蜂蜜的成分存在差异，所以不能单从是否结晶判断蜂蜜真伪。比如不易结晶的蜂蜜有洋槐蜜、枣花蜜等，容易结晶的蜂蜜有荆条蜜、油菜蜜、椴树蜜等。

蜂蜜真假辨别方法

看色泽：不同蜜源的蜂蜜颜色不同，洋槐蜜、桂花蜜为水白色，向日葵蜜、龙眼蜜为浅琥珀色，枣花蜜、桉树蜜为琥珀色，杂花蜜的颜色一般为黄红色。

闻气味：纯正蜂蜜气味天然，有淡淡的花香。而劣质蜂蜜闻起来会有水果糖或人工香精味，掺有香料的蜂蜜有异常香味。

尝味道：纯蜂蜜口味醇厚，芳香甜润，入口后回味长，易结晶。品质较差的蜂蜜口感甜味单一，没有芳香味，结晶体入口即化，有涩味，略有黏性，倒入水中很快溶解。

看标签：配料表中写有除蜂蜜以外还有其他成分的，都不是纯正蜂蜜，即使没有配料表，但商品名称带有功能或导向性的都不可能是纯蜂蜜。

看浓度：将蜂蜜摇动，流动慢的蜂蜜证明纯度比较高，反之品质较差。

二、蜂蜜的主要化学成分

蜂蜜成分复杂，很大程度上取决于蜜源植物的种类，所以蜜源不同的蜂蜜的化学成分存在差异，现已知的成分有二十多类几百种物质。主要成分为水分、糖类和多酚类，其中糖类占总量的3/4以上，其他还包括多种蛋白质、游离氨基酸、脂肪酸、维生素、激素、矿物质元素等。

（一）水分

一般情况下，蜂蜜中水分含量在12%～27%，平均含量18%左右。我国规定蜂蜜中的水分含量≤25%，出口蜂蜜水分含量≤18%。蜂蜜中水分的高低主要受气候条件（蜜源地）和生产技术的影响。蜂蜜中的水分来自花蜜，是蜜蜂酿蜜时残留下来的，所以含水量的高低是蜂蜜成熟度的标志。在南方多雨地区或者提前取蜜（蜂蜜未完全封盖），都会导致蜂蜜含水量较高。这不仅影响蜂蜜的口感和品质，也使蜂蜜容易变质腐败。

（二）糖类

糖类物质是蜂蜜中含量最高的成分，有果糖、葡萄糖、麦芽糖、棉子糖、曲二糖等，其中又以蔗糖、果糖和葡萄糖为主，占到糖类的80%～90%（不同蜂蜜糖类含量有差异），果糖和葡萄糖的含量和比例与蜂蜜结晶度密切相关。蜂蜜中还含有多种含量很低的糖类，它们是蜂蜜在酿造过程中通过各种酶和酸的代谢作用形成的。葡萄糖、果糖这些糖类都具有还原性，它们在一定条件下容易被氧化，所以测定蜂蜜中还原糖含量可以了解蜂蜜的品质状况。我国蜂蜜的蔗糖含量一般低于5%，根据这个指标可以鉴定蜂蜜样品中是否掺入蔗糖，或判定样品是不是完全成熟的蜂蜜。

（三）多酚类

蜂蜜中多酚类的含量仅次于糖，它是使蜂蜜颜色产生差异的一类物质，蜂蜜的颜色、抗氧化性都与多酚类物质的含量或比例成正相关。蜂蜜中的多酚类物质主要包括黄酮类和酚酸类化合物。

黄酮是一类重要的抗氧化成分。蜂蜜中黄酮主要来源于植物花粉、花蜜和蜂胶，多以配基和糖苷黄酮的形式出现。黄酮类化合物主要有木樨草素、白杨素、芹菜素、三粒小麦黄酮、杨芽黄素、黄芩素、汉黄芩素等。蜂蜜中黄酮类化合物的种类和含量受蜜源植物、地理因素、气候特征等条件的影响，所以不同地区蜂蜜中黄酮类化合物差异很大。如北半球产地的蜂蜜中黄酮类化合物主要来源于蜂胶；赤道地区和澳大利亚蜂蜜中的黄酮类化合物则主要来源于蜜源植物的花蜜和花粉。由于蜂蜜的抗氧化性与其中黄酮醇含量有较高的相关性，所以黄酮的含量是检测蜂蜜质量等级和区分蜂蜜品种的一个重要参考因素。

黄酮的功效是多方面的，它是一种很强的抗氧化剂，可有效清除体内的氧自由基，如花青素可以抑制油脂性过氧化物的溢出。这种阻止氧化的能力是维生素 E 的 10 倍以上，这种抗氧化作用可以阻止细胞的退化、衰老，也可阻止癌症的发生。此外，黄酮可以改善血液循环，降低心脑血管疾病的发病率。

酚酸是蜂蜜中的又一重要组成部分，分为两类：一类是以苯丙素（苯环和三个直链碳化合物）为基本骨架的咖啡酸、阿魏酸、芥子酸等，另一类是以苯甲酸为基本骨架的没食子酸、原儿茶酸等。不同蜜源、不同产地的蜂蜜中酚酸含量和种类也存在很大的差异，同一地域所采集蜂蜜往往具有某种相同的酚酸类成分，如在葡萄牙东北地区产的蜂蜜中发现有原儿茶酸，这种物质在其他蜂蜜中很少存在。研究表明，酚酸类成分是蜂蜜中抗氧化和清除自由基的主要活性成分。

（四）蛋白质和氨基酸

蜂蜜中的蛋白质主要是多种与物质代谢转化相关的酶类，是在酿蜜过程中混入的蜜蜂唾液分泌物，如淀粉酶、氧化酶、还原酶、转化酶等。蔗糖酶和淀粉酶可以促进糖类吸收；葡萄糖转化酶直接参与物质代谢；过氧化氢酶有抗氧自由基的作用，可以防止机体老化和癌变。很多因素都影响着蜂蜜中酶的含量和活性，如蜜种、蜜源、酿蜜时间、存储时间及温度等。过长时间的存储及高温处理，都会使酶活性降低。因此，在评价蜂蜜新鲜度上，酶的活性成了一项重要指标。

天然含有活性酶的蜂蜜不能加热至60℃以上，否则活性酶会在高温下变性失活，破坏其中的营养成分。蜂蜜用温开水或凉水冲泡时口感甜，用较高温度的水冲泡口感可能会变酸。

蜂蜜中的游离氨基酸含量占0.1%～0.78%，其中主要是赖氨酸、组氨酸、精氨酸、苏氨酸等17种氨基酸，这其中包括人体不能合成的8种必需氨基酸，所以蜂蜜可以补充人体需要的营养物质。

必需氨基酸指的是人体自身（或其他脊椎动物）不能合成或合成量不能满足人体需要，必须从食物中摄取的氨基酸。对成人来讲必需氨基酸共有8种：赖氨酸、色氨酸、苯丙氨酸、甲硫氨酸、苏氨酸、异亮氨酸、亮氨酸、缬氨酸。

（五）其他成分

蜂蜜中包括多种矿物质，含量在0.02%～1%。主要的矿物质包括钠、钾、钙和镁等，还包含很多种微量元素（表1-1）。这些矿物质元素主要来自花蜜，所以蜂蜜中矿物质成分和含量与蜜源植物生长的土壤和周围大气有很大关系。

表 1-1　蜂蜜中的微量元素

元素	含量（毫克/100克）	元素	含量（毫克/100克）
Al	0. 01 ~ 2. 4	Pb*	0. 001 ~ 0. 03
As	0. 014 ~ 0. 026	Li	0. 225 ~ 1. 56
Ba	0. 01 ~ 0. 08	Mb	0. 04 ~ 3. 5
B	0. 05 ~ 0. 3	Ni	0 ~ 0. 051
Br	0. 4 ~ 1. 3	Rb	0. 04 ~ 0. 35
Cd*	0 ~ 0. 001	Si	0. 05 ~ 24
Cl	0. 4 ~ 56	Sr	0. 04 ~ 0. 35
Co	0. 1 ~ 0. 35	S	0. 7 ~ 26
F	0. 4 ~ 1. 34	V	0 ~ 0. 013
I	10 ~ 100	Zr	0. 05 ~ 0. 08

*** 被认为是有毒元素。**

蜂蜜中还含有多种人体所必需的维生素，有维生素 B_1、维生素 B_2、维生素 B_6、维生素 C、叶酸、烟酸、维生素 K 等，这些维生素主要来自蜂蜜中的花粉，对人体多种代谢都具有重要作用。除此之外，蜂蜜中还含有抑菌素、色素、蜡质等。

三、蜂蜜的生理功能和应用

作为一类天然物质，蜂蜜既被人们当作营养品又被当作药品使用。现代医学临床证实，服用蜂蜜可促进消化吸收，提高机体免疫力，抗癌和抗衰老等。由于蜂蜜具有医疗保健功效而长期备受关注。前面已经提到，蜂蜜冲服时一定不能用开水，应使用冷水或温水。加热过程会破坏蜂蜜中的酶类等营养成分，并影响蜂蜜的色泽和口感。

（一）抑菌消炎作用

未经处理的天然成熟蜂蜜具有很强的抗菌能力，在室温下放置数年也不会腐败变质。研究表明，蜂蜜在体外对链球菌、葡萄球菌、白喉杆菌和炭疽杆菌等革兰阳性菌有较强的抑制作用。其抗菌作用原因有以下几个方面：一是蜂蜜中高浓度糖导致其渗透压较大，能使细菌大量脱水死亡；二是天然蜂蜜中细菌可利用的自由水含量很低，呈酸性，蜂蜜的 pH 不适于细菌生长；三是蜂蜜中含有许多抗细菌生长的酶，如溶菌酶和葡萄糖抗氧化酶等，导致细菌裂解死亡；四是蜂蜜中夹杂了许多植物中带来的抗菌活性物质。

蜂蜜治疗烧烫伤的效果优于磺胺嘧啶银（烧伤常用药）和其他药物。它是通过控制创面感染、提供创面营养、清除坏死组织、提供湿性环境等多条途径来治理创面的，因而疗效好，疗程短，且不留疤痕。蜂蜜用于创伤能明显减轻炎症和创伤发炎引起的周围组织浮肿，减少渗出液和疼痛。创伤活组织检查显示创伤组织处有较少的白细胞，表明蜂蜜具有直接的抗炎作用。临床试验发现蜂蜜可以防止局部深度烧伤部位引发炎症。蜂蜜创伤敷料可以减少疤痕和结痂。

（二）抗氧化作用

人体因为与外界的持续接触，包括呼吸（氧化反应）、外界污染、放射线照射等因素不断地在人体体内产生自由基。过量自由基与癌症、衰老或其他疾病的产生大都有密切关系。研究表明，蜂蜜含有不同浓度的多酚类物质，这些成分是抗氧化剂，被认为可降低心脏病与癌症发生的概率。蜂蜜的蜜源植物品种不同，组成成分也不同，其抗氧化能力就有差异。一般来说，蜂蜜的颜色越深，总酚与总黄酮的含量越高，抗氧化能力越强，但蜂蜜中的多肽、氨基酸（主要是脯氨酸）、有机酸、酶和一些代谢产物对于清除自由基也有一定作用。在人体内，抗氧化作用是多物质共同作用的结果，所以不能单从某类物质含量高低判别蜂蜜抗氧化能力的强弱或者蜂蜜的好坏。

（三）促进消化代谢

蜂蜜能有效抑制腹泻，对胃肠紊乱有很好的调节作用，某些蜂蜜可以使胃酸的酸度降低。同时蜂蜜能够促进人体肠道的蠕动，缩短排便的时间。蜂蜜能够调节人体的胃肠道功能，可能与其低聚糖的含量有关。用蜂蜜处理 5 种双歧杆菌株进行体外试验，结果表明蜂蜜有和低聚糖相似的促进菌株（包括双歧杆菌和乳酸杆菌）生长的作用。此外，蜂蜜对治疗结肠炎、习惯性便秘、老人和孕妇消化疾病、儿童痢疾等均有良好功效。

（四）增强免疫力

蜂蜜中含有的多种酶和矿物质，发生协同作用后，可以提高人体免疫力。实验研究证明，用蜂蜜饲喂小鼠，可以提高小鼠的免疫功能。分别给小鼠灌喂1%、5%的椴树蜜及1%、5%的杂花蜜，每天1次，连续7天，经溶血空斑实验表明，1%和5%的椴树蜜均能使抗体分泌细胞的数量增加，其中5%剂量组与对照组比较差异显著，表明椴树蜜有增强体液免疫功能的作用；而1%的杂花蜜使抗体细胞数明显减少，有抑制抗体产生的作用。

（五）养颜美容

蜂蜜的营养成分均为天然营养物质，其单糖、维生素、酶类等生物活性物质有利于被皮肤细胞吸收，能有效地改善皮肤表面的营养状态；蜂蜜中含有多种酸类物质，这些物质具有较强的杀菌作用，加之其润泽、营养等作用，可以有效地除去或减轻脸部面疱、粉刺，有助消除黑斑和其他一些面部斑点。所以用蜂蜜作为主材料制成的蜂蜜面膜进行外敷美容，可用来对脸部皮肤进行保湿、美白或祛斑。

（六）其他作用

蜂蜜可缓解疲劳和神经紧张，促进睡眠，并有一定的止痛作用。蜂蜜中的葡萄糖、维生素、镁、磷、钙等能够调节神经系统，促进睡眠。蜂蜜配合其他的蜂产品按照验方服用可以治疗神经系统疾病，如痴呆症、神经衰弱、强迫性神经官能症、神经炎和神经性头痛等。

蜂蜜中的很多种矿物质含量和人体血液中的矿物质含量相似，这就有利于人体对矿物质的吸收。如蜂蜜中所含的钾离子进入人体后置换钠的功能，可以维持血液中的电解质平衡，可以对患有高血压病的中老年人起到很好的保健作用。

蜂蜜在酿造、运输过程中，容易受到肉毒杆菌的污染，因为蜜蜂在采取花粉过程中有可能把被肉毒杆菌污染的花粉和蜜带回蜂箱。肉毒杆菌芽孢适应能力很强，在 100℃的高温下仍然可以存活。由于婴儿胃肠功能较弱，肝脏的解毒功能差，尤其是小于 6 个月的婴儿，肉毒杆菌容易在肠道中繁殖并产生毒素，从而引起中毒。

四、蜂蜜生产加工工艺和技术

蜂蜜对于我们来说，是非常普通、营养丰富、物美价廉的食品，可以直接使用，也可以添加到其他食物中，利用现代加工技术制成各种蜂蜜产品。除了现在市场上的成熟巢蜜以外，大部分蜂蜜产品都需要进行加工和深加工。通常，我们所说的加工是指对蜂蜜进行收集、去杂和浓缩的过程（图 1–2）。

图 1–2　蜂蜜的离心收集（李建科　摄）

（一）分离蜜加工技术

1. 分离蜜的过滤

来自蜂场的大宗分离蜜通常含有蜡屑、幼虫、花粉等杂质，在外观上很不好看，给人一种不清洁的感觉，从而影响它的售价与销量，同时也给蜂蜜的精深加工带来困难。因此，必须将蜂蜜中的这些杂质去除，也就是要对蜂蜜进行过滤处理，这是提高蜂蜜品质的第一道加工工序。分离蜜生产见图 1–3。

过滤就是将悬浮液或乳浊液中的固液两相加以分离的过程。它的基本原理就是利用一种能将悬浮液中固体微粒截留而使液体自由通过的多孔介质，使悬浮液澄清，这种多孔介质称为过滤介质。一般工厂中蜂蜜过滤的主要设备有板框压缩机和叶滤机两种。

A

B

图 1–3　分离蜜生产

A. 未成熟蜂蜜（李爽　摄）　　B. 成熟蜂蜜（李建科　摄）

板框压缩机由许多交替排列并支持在一对横梁上的滤板和滤框所组

成，滤板表面结构有凸台式和沟槽式等，滤板和滤框的数目视生产能力和原料的情况而定。板框压缩机的优点是结构简单、制作方便、造价较低、过滤面积大、无运动部件、辅助设备少、动力消耗低、过滤推动力大。但它间歇操作，且板框的装卸和滤饼的卸除需要繁重的体力劳动。另外，滤饼的逐渐生成会使过滤速率减慢，效率低，而且洗涤时间长，又不易洗净。

叶滤机是以多个滤叶作为基本过滤原件的过滤仪器，滤叶由一金属筛网框架或带沟槽的滤板组成，在框架或板上覆盖滤布。它的优点是灵活性大，人力消耗少，单位体积生产能力较大，而且单位面积具有很大的过滤面积。另外，洗涤速率较一般压缩机要快，洗涤效果较好。叶滤机的缺点是结构复杂、成本高，滤饼不如压缩机干燥，可能造成滤饼不均匀的现象，而且使用的压力通常不高。

蜂农进行小规模生产时也可以直接手动过滤，用纱网或滤布自制漏斗状过滤装置，让收集的蜂蜜流过除去杂质，见图 1–4。生产中根据蜂蜜中杂质含量设定网筛孔径和流速等。

图 1–4　美国蜂农对蜂蜜过滤除杂（李建科　摄）

2. 分离蜜的浓缩加工

在蜂产品加工中，把蜂蜜中多余的水分通过蒸发除去，使其含水量符合规定的要求的过程，称为蜂蜜的浓缩加工。蜂蜜的浓缩加工一般经过原料蜜验收、选配、融化、过滤、真空浓缩、冷却、检验和包装、储存等工艺阶段。

（1）原料蜜验收　没有好的原料蜜就不可能加工出优质的浓缩蜜。因此，凡是收购进仓的原料蜜，都必须进行检验，必须对原料蜜的色泽、气味、含水量、蜜种、脯氨酸、淀粉酶值（鲜度指标）和采集时间的长短及有无农药残毒等逐一进行严格检测。一般淀粉值在 8 以下，就不能用于浓缩加工，下降到接近于 0 就绝对不能收购。

（2）选配　根据订货的要求将收购的优质蜂蜜拼配蜂蜜小样，根据小样的订货要求指标，再进行大量蜂蜜的加工生产。

（3）融化　融化蜜的目的是通过加热以防止发酵和破坏晶体，延缓蜂蜜结晶。通常在 60 ~ 65℃下加热 30 分，加热时应不时地搅拌使蜂蜜受热均匀并加快融化。

（4）过滤　加热后的蜂蜜温度保持在 40℃左右，使蜂蜜成最佳流动状态，以便能顺利通过多道过滤，去除杂质和少量的较大颗粒晶体。应尽量在密封装置中进行加压过滤，以缩短加热时间，减少风味损失。

（5）真空浓缩　选择合适的真空浓缩设备，在真空度 0. 09 兆帕、温度 40 ~ 50℃条件下进行蒸发浓缩，对蜂蜜的色、香、味影响可以降低至最小限度。在浓缩时，应特别注意蜂蜜受热后芳香挥发性物质的回收。一般设置香味回收装置，将这些挥发性物质回收再溶入成品蜜中，以保持蜂蜜特有的香味。

（6）冷却　将浓缩后的蜂蜜尽快降低温度，以避免因较长时间在高温下存放而降低蜂蜜质量。为了加快冷却，最好能强制循环和搅拌冷却，以使产品保持良好的外观和内在品质。

（7）检验和包装　浓缩蜂蜜过程应随机抽样检测，保持加工后的蜂蜜含水量稳定在17.5%～18%。包装规格可以有多种，一般可分大包装和小包装两类：大包装以大铁桶做容器盛装，铁桶内应涂有符合食品卫生要求的特殊涂料，以避免蜂蜜中所含的酸性物质腐蚀铁质造成污染；小包装主要是瓶装（塑料和玻璃）。灌装前容器应清洗干净并严格灭菌。

（8）储存　储存仓库应单独隔开，并避免阳光直照和高温环境，要经常注意干燥通风，并且要防止与有异味物质一同存放。

（二）固体蜂蜜加工技术

固体蜂蜜是指采用物理工艺——“低温、快速、烘干、脱水”方法加工的蜂蜜，100%保留蜂蜜原有的营养成分。相比普通液体蜂蜜，在物理工艺下，单糖增加，双糖减少，蜂蜜的营养成分更容易被人体吸收。另外糖醛成分减少，更有益于身体健康，而且很好地解决了传统蜂蜜不便携带、冲泡麻烦等问题。但也存在缺点，如加工过程中的高温使蜂蜜中的部分活性物质失去了作用。

目前生产的固体蜂蜜产品形状有粉末、颗粒和块状，在产品成分上，有完全用蜂蜜的，也有以蜂蜜为主添加适量辅料制成的。其固化技术一般分为加热烘制和真空干燥两种。

1. 粉末蜂蜜

工艺流程为：蜂蜜调配→脱水→升温加热→冷压→粉碎→包装→检验。先将来源不同的蜂蜜调配混匀，使其达到规定的色泽、香味，然后快速加热蜂蜜，在蒸发干燥器中脱水，使其含水量降至2%，并经热交换在10秒内将脱水蜂蜜加热到116℃，在经过0℃水冷压下形成薄片，最后，把薄片粉碎成含水量在2%以下的蜂蜜粉末，密封包装入库。也可以在液体蜂蜜中添加淀粉和酪朊钠，调节浓度后，送入130 ~ 140℃的热风中，在排风温度为80 ~ 90℃的条件下进行喷雾干燥。用这种方法制得的固体蜂蜜不易吸湿、结块，能保持蜂蜜的原有风味，溶解后仍能得到透明的溶液，可广泛用于粉末食品和饮料的加工中。

2. 颗粒蜂蜜

工艺流程为：蜂蜜调配→加热→混合→热压和脱水→粉碎→包装→检验。在调配好的蜂蜜内添加适量的卵磷脂，加热至55℃，然后混入30%的淀粉，在50℃下保温8 ~ 16小时，再经过两个通入蒸汽的大轧辊（其温度在170℃左右），在30秒内脱水并压成薄片，最后粉碎颗粒，并添加硬脂酸钙或者二氧化硅等抗黏稠剂，把塑料袋抽真空后充气包装。

3. 块状蜂蜜

工艺流程为：称量→过滤→混合→制粒→干燥→粉碎→调制→压制→包装→检验。将原料称重后（蜂蜜、胶状淀粉、复合维生素），加入脱脂干乳粉末，通过12 ~ 14目的过滤网过滤混合，并添加蒸馏水，调和混匀，制粒，然后将颗粒置于盘内，在45℃下干燥12小时，进行粉碎，并加入润滑剂硬脂酸镁，搅拌混合5分左右，最后压成片（块）状，包装。

（三）巢蜜加工技术

巢蜜以其极高的营养价值和保健药用功效，被誉为最完美、最高档的天然蜂蜜产品，见图 1–5。这显现出巢蜜市场发展空间尤为可观，会带来极大的经济效益与社会效益。

图 1–5 我国市场上商品化的巢蜜（孟丽峰 摄）

1. 巢蜜的生产加工

生产巢蜜相对简单，一般用到蜂箱、巢框和巢础。按生产方式，大致可将巢蜜分为大块巢蜜和格子巢蜜，大块巢蜜是用浅巢框生产的整张封盖蜜脾，格子巢蜜是用巢蜜格（盒）生产的蜜脾，两者生产方法基本相似。将熔化的纯蜂蜡涂在巢础上，形成一层很薄的蜂蜡层，可以刺激工蜂快速泌蜡建造巢房。在保证蜂多于脾的前提下，向蜂王刚产的新分蜂群中插入巢蜜框，等到浅巢房被工蜂筑成时，把巢蜜框及时提出，接下来向准备生产巢蜜的蜂群中插入之前提出的巢蜜框。由于蜜蜂的习性使造脾或储蜜都偏向于同一个方向，为了使生产出的巢蜜能够更加均匀地造脾储蜜，可以采用将巢蜜框前后调头的方法。当外界蜜源快结束时，为促使尚未完成储蜜的蜂群加速封盖，可以通过同种蜂蜜饲喂的方式进行处理。巢蜜生产包括采收、灭虫、去湿、切割、包装储运五个过程。

（1）采收　已完成储蜜封盖的巢蜜应及时从蜂箱中取出。因为巢蜜的封盖难以同时完成，所以对巢蜜需进行分批分期采收，见图 1-6。为了脱去附着在巢蜜上的蜂群，可以使用脱蜂板、吹蜂机、蜂帚等工具，此过程为保证不损坏蜡盖，动作应尽量轻。

图 1-6　采收的巢蜜蜜脾（李建科　摄）

刚刚采收到的巢蜜并不平整，其边沿和角落上的蜡瘤及其他杂质可以通过不锈钢薄刀刮去。

（2）灭虫　蜡螟的虫卵经过 24 小时的 -20 ~ -15℃冷冻处理即可杀死，此过程中为防止巢蜜串味，需将巢蜜用食品塑料袋密封。大批量巢蜜的灭虫可以使用熏蒸法，用到的气体有二氧化碳、二氧化硫或二硫化碳等。在 98%二氧化碳、37℃、50%相对湿度的条件下，经过 4 小时严密熏蒸室或熏蒸柜内的熏蒸，可以杀死不同发育阶段的蜡螟，可这种方法在使用时必须注意安全，因为如此高浓度的二氧化碳足以造成工作人员窒息。

（3）去湿　南方部分蜂蜜品种的巢蜜含水量较高，为了防止巢蜜发酵，有必要进一步除去巢蜜中的部分水分。去湿的空间需在窗口加装排气通风扇。去湿过程中还需要使用的工具有去湿机和加热器。首先，在木条架上交错叠放巢蜜继箱，保证继箱四周以及内部的空气流通；其次，将去湿房室温通过加热器控制在25℃左右，启动去湿机降低空气湿度，启动排风扇排湿；最后，至巢蜜含水量降低到要求的水平以下时，关闭相关器材。而在北方，天然巢蜜的含水量本身较低，无须进行去湿。

（4）切割　切块巢蜜是大块巢蜜经过切割形成的巢蜜。为防止切块巢蜜结晶，其边缘的蜜必须在包装前清除干净，处理的方式有滴干和甩干。滴干是将切块后的巢蜜放在硬铅丝网之上，用浅盘接收滴落的蜂蜜；甩干是用平面框篮离心分蜜机将边缘蜜甩净，此方法一般用于大规模生产。混合块蜜是将液态蜜和切块巢蜜混装在一个容器里的蜂蜜。先加热蜂蜜以熔解其中所含的微晶核，稍晾凉之后注入同种液态蜂蜜，此过程应注意防止气泡产生，因而常采用从边沿注蜜的方法。蜂蜜注满后，用容器盖封口，为防止蜜块浮起、折断，将容器横向放置，当产品得到充分冷却后再竖向放置。

（5）包装储运　首先对巢蜜产品进行等级划分及不合格产品的剔除，合格的巢蜜产品必须符合相应的感官要求和理化指标。巢蜜产品的包装材料应符合食品安全要求，内包装材料应气密防潮，不易破损泄漏。包装物或者标识上应按规定标明产品的品名、净含量、产地、生产者（加工者或包装者）或经营单位、生产日期、保质期等内容，单一品种须注明蜜源植物。

巢蜜产品应当储存于阴凉干燥处，不能与有毒、有害、有异味、易挥发的物品同场所储存，储存场所应清洁卫生，防高温、防风雨、远离污染源，有防鼠防虫措施，见图 1–7。运输工具应清洁卫生，有防晒防雨防湿措施。运输过程轻装轻卸，要避免暴晒、高温及与有毒、有害、有异味、易污染的物品混装同运。

图 1–7　简易包装的巢蜜产品（李建科　摄）

2. 巢蜜生产中的问题

巢蜜的生产工艺目前还存在多重难点，在生产的过程中需要尤其注意。第一，巢蜜的封盖期长短与蜂群的强壮程度直接相关，因而生产巢蜜的蜂群必须健康无病害。双王群繁殖、单王群采蜜的生产方法在中国巢蜜生产中普遍被使用，因为双王群能够保证蜂箱内长时间的蜂群强壮。第二，“分蜂热”会在蜂群过于强大和饲料十分充足的情况下出现，结果导致箱体过重，无法进行巢内检查，因而蜂种的选择和搭配十分重要。第三，生产巢蜜过程中，蜂路（蜂箱内巢脾之间的距离）过宽会导致巢蜜过厚，盒盖无法盖上，因而蜂路宽度的控制也极其重要。第四，巢蜜生产期正是蜂螨危害期，蜂螨对养蜂业的威胁极大。大蜂螨（狄斯瓦螨）和小蜂螨（梅氏热厉螨）对封盖幼虫寄生率和成蜂寄生率危害水平都很高。因此必须要对蜂螨进行提前预防，因为生产巢蜜期间很难采取有效措施。第五，中蜂巢蜜受到小蜡螟的危害很严重，在此影响下易失去商品价值，但利用低温处理可有效地防治蜡螟危害。第六，对于巢蜜盒，存在蜜蜂不愿接受塑料巢蜜格的情况，因而生产巢蜜的巢蜜格材料选择应在符合食品安全要求的基础上充分考虑生产实际应用效果。第七，巢蜜的封盖率不能得到有效保障，低封盖率的巢蜜经过一定的放置时间后，巢虫成虫会乘机往上产卵，不久后盒内会出现巢虫，严重影响产品质量，所以巢蜜生产过程中一定要注意蜂箱卫生状况。

（四）蜂蜜产品的深加工

为满足扩大蜂蜜产品的应用范围、增强蜂蜜产品使用价值和品质，就需要对蜂蜜进行深加工。而且，随着加工技术和仪器品质的不断提高，蜂蜜产品的种类会越来越多。目前，深加工的蜂蜜产品主要有蜂蜜茶（果）饮料、蜂蜜酒、蜂蜜醋、蜂蜜糖果点心、蜂蜜罐头等。下面举例说明部分蜂蜜产品生产流程和加工工艺。原料蜂蜜收集加工车间见图 1–8。

图 1–8　原料蜂蜜收集加工车间（李建科　摄）

1. 蜂蜜饮料类

一般饮料都使用以蔗糖为主的甜味剂，蜂蜜香甜可口，所以用蜂蜜替代部分蔗糖，可使饮料更具有特色。蜂蜜中的主要成分是葡萄糖和果糖，还含有多种氨基酸和维生素。由于葡萄糖和果糖成分不经消化可直接被人体吸收，在体内可直接参与单糖的代谢迅速补充人体营养和能量，可以供剧烈运动的人和肠道吸收功能不强的儿童饮用。因为老年人对葡萄糖的利用率明显下降，而对果糖的利用仅受到轻微的影响，故蜂蜜也是老年人的理想能量来源。所以，相比普通饮料，蜂蜜饮料更适合儿童、老人和高强度运动的人饮用。

（1）蜂蜜茶（果）饮料　根据原料不同，可以生产蜂蜜红茶、玫瑰蜂蜜茶、柠檬蜂蜜茶、蜂蜜柚子茶、蜂蜜大枣茶等不同茶（果）饮料。方法就是按照一定配比，加入蜂蜜、去离子水和茶叶（或者其他配料），搅拌均匀，然后煮沸，使原料的味道充分混合，冷却装罐。生产前也要考虑消费人群，确定各种原料成分的比例。蜂蜜茶（果）饮料配方一般比较简单，以下列举几种茶（果）饮料配方：

蜂蜜红茶饮料

蜂蜜　50 千克	去离子水加至 1 000 升
红茶　10 千克	

蜂蜜大枣茶

蜂蜜　25 千克	干红枣　15 千克
冰糖　5 千克	去离子水加至 1 000 升

玉竹蜜茶

蜂蜜　5 千克	玉竹　10 千克
白术　5 千克	去离子水加至 500 升

蜂蜜浓缩饮料

蜂蜜　20 克	柠檬黄色素　0.002 克
蔗糖　10 克	胭脂红色素　0.000 3 克
柠檬酸　0.55 克	苯甲酸钠　0.6 克
去离子水加至 400 毫升	

蜂蜜茶（果）饮料加工工艺与普通茶饮料类似。例如蜂蜜红茶的工艺：将 50 千克蜂蜜溶于纯净水中，调制成 400 升蜂蜜水溶液。将 10 千克红茶投入 90℃的蜂蜜水中，使搅拌棒每分钟转动 10 次，浸出 10 分，过滤得到浸出液。添加蜂蜜将最终浓度调整到 5%，加水调制到总体积 1 000 升，充填到罐中，使罐中温度达到 120℃，杀菌 10 分，装瓶即可。在加水调制总体积前添加 200 克碳酸氢钠，可以增加饮料中蜂蜜的香味。

（2）蜂蜜发酵饮料　酸奶由纯牛奶发酵而成，除保留了鲜牛奶的全部营养成分外，在发酵过程中乳酸菌还可以产生人体所必需的多种维生素，是一种有益的保健食品。在原料乳中加入蜂蜜后发酵，得到的蜂蜜酸奶是一种新型的乳酸饮品，不仅保留了酸奶原有的营养成分，而且增加了蜂蜜特有的营养成分和香味。工艺流程：原料乳→预处理→冷却→加入浓缩蜂蜜→添加发酵剂→恒温箱培养（50℃）→冷却→冷藏。研究表明，饮用酸奶可以减轻乳糖不耐症，调节人体肠道中的微生物菌群平衡，降低胆固醇的水平，而且还可以预防白内障的形成，所以蜂蜜发酵制品有利于人体健康。下面举例说明蜂蜜酸奶的加工工艺。

1）配方

蜂蜜　3%	接种剂　3%
蔗糖　4%	

此外，还要添加复合稳定剂 PGA 0.02%，黄原胶 0.04%，羧甲基纤维素 CMC 0.03%。

2）工艺流程

路线 1：原料乳→净化→标准化→增加固体物（蔗糖和稳定剂）→预热（60 ~ 70℃）→均质（15 兆帕）→乳加热（95℃）处理 5 分→冷却（43 ~ 45℃）。

路线 2：蜂蜜原料→加热熔晶（温度小于 65℃）→粗滤→精滤→浓缩→静置存放→杀菌。

路线 1、路线 2 产物混匀后添加发酵剂，置于发酵罐中恒温培养（43℃，4 ~ 5 小时），冷却后，包装冷藏。

3）加工要点　新鲜牛奶置于蒸汽消毒器中，在 115℃条件下杀菌 15 分，然后降温到 43℃。在超净工作台上迅速接种保加利亚乳杆菌和嗜热链球菌，置于恒温摇床上培养数小时，冷却后置于 2 ~ 8℃冰箱中保存。之后每天传代 1 次，共传代 3 次，菌种可达到正常活力。过程中菌种的活力值采用氢氧化钠滴定法测定，pH 采用酸度计直接测定。

2. 蜂蜜酒类

（1）蜂蜜酒　蜂蜜酒实际上是酒的一种，它结合了蜂蜜和酒两者的优势。蜂蜜能促进人体胃肠功能，帮助消化吸收，增强血液循环，促进组织代谢；蜂蜜酒具有营养健身、滋补强体的功能，越来越受到众多消费者的青睐。从广义上讲，蜂蜜酒是以蜂蜜为原料生产的含酒精的饮料。从蜂蜜酒近 3 000 年的发展历史看，到目前为止它主要包括以下三种：一是选用蜂蜜酒作为酒基，添加部分可食用物质、香料或中草药制得的饮料酒；二是以蜂蜜为原料，添加可食用物质（多为蔬果）、香料或中草药进行混合发酵后制得的混合酒精饮料；三是以蜂蜜为原料，不经发酵，直接用可食用酒精调配而成的蜂蜜酒，其酒精度和糖度随意性大，或高或低都能进行生产。制作蜂蜜酒的原料蜂蜜储存见图 1–9。

图 1–9　原料蜂蜜储存间（李建科　摄）

酿造蜂蜜酒主要用到发酵罐、酒坛、大锅等，蜂蜜中含有大量的果糖和葡萄糖，可以利用酵母蜂蜜的酒化酶分解果糖的作用酿造蜂蜜酒。

1）配方

蜂蜜　90 千克	柠檬酸适量
酿酒酵母适量	去离子水　330 升

2）生产工艺　工艺流程：蜂蜜原料→稀释调整 pH →灭菌→冷却添加营养盐→接种→发酵→补料→过滤→灭菌→陈酿。

3）操作过程　蜂蜜等分为三份，取其中的一份，按照体积比蜂蜜原浆：水 =1 ：6 稀释为原料液，然后用柠檬酸调节 pH 至 3. 8，原料液巴氏灭菌，按照体积比酵母（液体培养基）：发酵液 =1 ：25 接入酿酒酵母发酵；将原料液在发酵罐中 26℃的温度下前期发酵 3 天进行一次补料，补料是将另一份蜂蜜原浆按 1 ：3 体积比加水稀释，用柠檬酸调节 pH 至 3. 5，原料液巴氏消毒，待原料液冷却至 24℃时，补入发酵罐，然后控制发酵温度在 23℃，中期发酵 10 天；中期发酵结束时进行第二次补料，即将剩余的一份蜂蜜原浆按照 1 ：2 体积比加水稀释，用柠檬酸调节 pH 至 3. 5，原料液以 80℃的温度在发酵罐中灭菌 35 分后，待原料液冷却至 25℃时补入发酵罐；在中期发酵结束前 2 天时将酿酒酵母接入菌种开始扩大培养，并在二次补料结束时，在补料后的酵母罐接入经扩大培养的占总原料液体积 9%的菌种，然后控制发酵温度在 25℃，后期发酵 7 天；后期发酵结束后进行过滤、灭菌、灌装即获得蜂蜜酒。

（2）蜂蜜啤酒　利用蜂蜜、麦芽提取液和麦芽糖汁等可以加工蜂蜜啤酒，味道甘甜，受广大消费者喜爱。

操作要点：把酵母溶解于半杯温水中，置于室温发酵；把未开罐的麦芽提取液放于热水中加热 5 分，使其更容易倒出；放 4. 5 升蒸馏水在一个大的消过毒的不锈钢或搪瓷钵里煮开，倒入麦芽提取液和 1. 1 升蜂蜜，搅拌直至溶解，再次煮开直至泡沫形成，切断热源，除去泡沫，重新加热到沸腾 30 分，最后 2 分再加库存的啤酒花；加 13. 5 升蒸馏水到一个消过毒的30升的发酵桶里，再倒入开水和麦芽糖汁的混合液，直到总体积为18升；加入酵母搅拌发酵；发酵 7 天，过滤除杂后即可分装。

3. 蜂蜜醋

蜂蜜醋不仅酸中带甜、香醇可口，同时还含有发酵生成的乳酸、葡萄糖酸、琥珀酸和多种氨基酸。用蜂蜜为主要原料酿制的醋，不仅具有很高的营养价值，同时也为蜂蜜的深加工提供了一条新途径。经常饮用蜂蜜醋能调节体内酸碱平衡，改善消化功能，提高肝脏的解毒功能，改善新陈代谢。酿制蜂蜜醋对原料要求不严，一般以选择质量较差、颜色较深的蜂蜜为宜，如荞麦蜜等。

（1）工艺流程　稀释→灭菌→接种→发酵→陈酿→过滤→灭菌→分装→检测。

（2）操作过程　按照 1 千克蜂蜜加入 4 ~ 5 千克水的比例进行稀释，使其含糖量在15% ~ 19%；将稀释过的蜂蜜加热至75 ~ 80℃，经30分灭菌；待灭菌后的蜂蜜水冷却为 26 ~ 28℃时，加入已经培养好的酵母菌、酒药、曲块等发酵剂；将接种后的蜂蜜水在 26 ~ 28℃下进行发酵，将糖转化为酒精。当酒精含量达到 6 ~ 7 毫升 /100 毫升（即酒精度 6 ~ 7 度）时，把温度升高到 35 ~ 40℃，再加入 10%的醋酸菌，每天早晚各搅拌一次，进行醋酸发酵，将酒精转化为醋酸。当醋酸含量达到 5 克 /100 毫升以上时，发酵终止；发酵完毕的醋酸加入1%的食盐水存放30天，以增加蜂蜜醋的风味；然后将陈酿好的蜂蜜醋加入1%苯甲酸钠、适量鲜味剂、糖色等，灭菌后分装，检测合格后即可出售。

4. 蜂蜜糖果点心

传统糖果是以砂糖和液体糖浆为主要成分，经过熬制，配以其他食用物料，再经调和、冷却、成形等工艺而制成的固体块状食品。用蜂蜜作为原料，加入香料和调味料就可以生产蜂蜜糖果。原料的配比应该通过生产时间来验证，根据原辅料的规格、质量、工艺条件以及气候等情况的改变做相应的调整。一般包括常压蒸发、真空浓缩、调和、冷却成形、拣选包装等过程。

蜂蜜还能被用来做各种甜点，如面包、果脯等。只需要在制作过程中加入蜂蜜即可，其他工艺不变。比如面包：准备适量面粉；将全蛋、糖、盐一起放入缸内打至湿性发泡；将蜂蜜加水加入拌匀（此过程中蜂蜜要拌匀）；放置10分消泡；放入烤箱烤制即可。以天然蛋糕为例说明如下：

（1）配方

蛋白　42克	标准面粉　18克
蜂蜜　10克	食盐　0.4克
蔗糖　21克	酒石酸氢钾　0.6克

（2）制作工艺　将蛋白（鸡蛋清）倒入打蛋器中，顺着一个方向抽打，将蛋白抽打至似雪花状，呈白色糊状，用筷子插入而不倒时为止；将蜂蜜、蔗糖混合搅拌，直至均匀成糊状，然后分数次放入蛋糊中抽打，待蔗糖全

部溶化后，再将面粉、食盐和酒石酸氢钾过筛，放入糊中，搅拌均匀调制成蛋糕坯料；取烤盘数只，用刷子将植物油均匀地涂抹在烤盘内，然后把蛋糕坯料铺装在烤盘中，厚度为 2 ~ 2.3 厘米，表面抹均匀；将烘炉预热至 190℃，放入盛满蛋糕生料的烤盘，中火烘烤 20 分左右，蛋糕呈金黄色，待膨胀成熟时将烤盘取出，将蛋糕从烤盘中取出，切成大小相同的四方小块即可。

5. 蜂蜜罐头

蜂蜜罐头生产一般包括五步：原料的选择和前处理→食品的装罐→罐头的排气和密封→杀菌→罐头的检查。

原料在进入生产之前，应进行必要的挑选，剔除不合格的原料，并根据品质和状态分为不同等级，以利于配料和工艺条件的确定。挑选分级后的原料，还要分别进行一些必要的处理和加工。处理后的原料均匀装入已经清洗干净的容器里，按照配比加入蜂蜜，按照产品规定进行定量分装。排气和密封是罐头生产的重要环节，排气可防止或减轻罐头在高温杀菌时发生变形或损坏，也可防止罐内需氧微生物的繁殖。罐头食品之所以能够长期保存而不变质，除充分灭菌外，主要是靠罐头的密封。灭菌一般都采用高压蒸汽灭菌，但要注意在冷却时一定要防止微生物的二次污染，这也是罐头生产后质量检查的必要性。检测合格的罐头即可在室温或冷藏条件下长时间保存。

6. 蜂蜜保健品类

蜂蜜营养丰富，除含有 70%左右的糖分外，还含有丰富的蛋白质、氨基酸、维生素、微量元素、有机酸及芳香类物质等，其本身就对人体具有如抗菌、促进组织再生、解毒、强心等作用，对消化系统、呼吸系统、皮肤创伤等有很好的治疗作用。目前，市场上的蜂蜜保健品种类很多，其加工工艺需要根据原料的特性以及产品目的而定。

芦荟蜂蜜是常见的一种蜂蜜保健品，冲水服用可以提高人体免疫功能，对治疗肠燥便秘、胃胀疼痛效果特别明显。其配方为：

蜂蜜 1 000 克	柠檬果汁 3 毫升
新鲜芦荟叶汁 100 克	

操作要点：取纯净蜜蜂 1 000 克，加入 100 克新鲜芦荟叶汁，再加 3 毫升的柠檬果汁，pH 调至 3 ～ 4，在 60℃水浴锅中搅拌均匀，得到稍带绿色的芦荟蜂蜜。

五、我国蜂蜜产业现状及相关标准

（一）我国蜂蜜产业现状

中国是养蜂大国，蜂蜜生产和使用具有悠久的历史。《神农本草经》把“石蜜、蜂子、蜜蜡”列为上品，指出它们有“除百病、和百药”的作用，且“多服久服不伤人”。公元 4 世纪，西晋与东晋之交的郭璞（276—324 年）在《蜜蜂赋》中写道：“散似甘露，凝如割肪，水鲜玉润，髓滑兰香。”这正是说蜂蜜和蜂蜡的性质及用途。唐、宋、元朝以来，经济繁荣，农业兴旺，蜂蜜的应用也有了发展，从浩瀚的唐诗及其他方面的记载就可以知道。段成式的《酉阳杂俎》、王禹偁的《小畜集·记蜂》、苏辙的《收蜜蜂》

和南宋杨万里的《蜂儿》等诗文中，均记载了当时养蜂和采蜜食用的真实景象。

目前，我国是蜂产品生产及出口大国，我国蜂蜜出口居世界首位。据国际粮农组织不完全统计及中国养蜂学会在2014全国蜂产品市场信息交流会上报告的不完全统计信息，全球蜂蜜总产量约160万吨，中国蜂蜜总产量约30万吨，约占世界的18.75%，居世界首位。中国2013年蜂蜜消费量约33.8万吨，人均消费量达250克。以此消费速度增长，中国将有望成为世界蜂蜜消费大国，全国蜂蜜产量内销将供不应求。

随着市场需求的不断扩大，低质蜜、假蜂蜜也充斥着市场，带来了极大的质量隐患，也严重阻滞了蜂产品行业的良性发展。蜂蜜的掺杂掺假现象主要表现在两个方面：一是以低价单（杂）花蜜冒充或掺入高价单花蜜，利用糖组分相近的糖浆代替或掺入蜂蜜。单花蜜是蜜蜂采集单一植物花蜜酿造成的蜂蜜，由于蜜源植物单一、品质醇厚，性质和性状特点表现显著；混合蜂蜜是蜜蜂在同一时期从几种不同的植物上采集花蜜经酿造后混在一起的蜂蜜。市场上单花蜜的价格高于杂花蜜，不法商贩为了获得高额利润，以低价的杂花蜜冒充或掺入单花蜜。同时，也有以价格相对低廉的单花种蜂蜜冒充或掺入高价单花种蜂蜜的“冒牌蜂蜜”存在。二是蜂蜜中的主要成分是葡萄糖和果糖，这与果糖糖浆的成分非常相近。在蜂蜜中掺入糖浆，蜂蜜风味不但没有被破坏，而且某些理化指标还得到了强化。为了改善掺假蜂蜜的外观品质，有些不法厂家甚至还掺入焦糖色素、合成色素等。蜂蜜香精的出现更使得假蜂蜜几乎可以乱真。除了掺假的原材料越来越精细，掺假的手段也越来越高明。现阶段已经有一些不法厂家开始以蜂蜜的国家标准作为技术参考，以葡萄糖、葡萄糖浆、果葡糖浆等天然蜂蜜成分为原料，辅助添加色素、蜂蜜香精等进行造假。其假蜂蜜产品的技术指标完全可以达到蜂蜜国家标准的技术要求，即使用碳同位素鉴定也无法辨别其真假。

这就导致进口蜂蜜以高价位占领着我国蜂蜜市场。近几年，我国每年从国外进口 4 000 吨以上的蜂蜜，每斤（1 斤＝ 500 克）的销售价都在 100 元以上，是国产蜂蜜的数倍，甚至数十倍。那么，进口的蜂蜜就一定品质好营养高吗？事实上，进口蜂蜜质量近年来良莠不齐，据国家质检总局公布的数据显示，产自新西兰、美国等地的进口蜂蜜不合格情况时有发生，消费者在选择时要仔细甄别。据了解，麦卢卡蜂蜜是新西兰“国宝级”蜂蜜，因含有被称为“麦卢卡因子”的活性抗菌成分受到追捧。有媒体报道，麦卢卡蜂蜜市场混乱，在多个国家销量远大于产量，并存在以次充好等行为。另外，由于新西兰一直没有出台麦卢卡蜂蜜产品的国家标准，市场上存在多个不同的麦卢卡成分、纯度认证体系。国家质检总局进出口食品安全局发布的信息显示，2015 年共计有 44 批次进口蜂蜜被检不合格，原产地多来自新西兰、美国、哈萨克斯坦等国家。美国生产的各种蜂蜜产品见图 1–10。

图 1–10　美国生产的各种蜂蜜产品（李建科　摄）

我国蜂蜜产品中另一个问题是各种农药兽药残留量超标。目前，蜂蜜饲养中存在多种蜂病，如囊状幼虫病、幼虫腐臭病、蜂螨等，对应也出现了各种各样的蜂药。在蜂病治理过程中，蜂农没有按照蜂药使用量防治，过度施用蜂药中的杀虫剂等，也不注意施药时间，导致蜂蜜中蜂药严重超标。另外，农业生产中农作物施药也是蜂蜜农药超标的一个重要因素。大量农药兽药使用不仅危害蜜蜂的健康，导致蜂群数量急剧下降，也使蜂蜜产品存在质量安全问题，严重打击消费者消费的信心。

（二）蜂蜜相关质量标准及问题

作为产品生产及出口大国，我国是蜂蜜出口量最大的国家，自加入世界贸易组织以来我国先后颁布了与蜂蜜质量安全相关的国家标准、行业标准、绿色标准等，部分蜂蜜产品标准见表 1–2。

表 1–2　部分蜂蜜产品标准

标准号	产品指标	要求内容
GB 14963—2011	蜜源	蜜蜂采集的花蜜、分泌物或者蜜露安全无毒，不得来源于有毒蜜源植物
GB 14963—2011	感官	需要检测蜂蜜中的色泽、滋味、气味、状态、杂质
GB 14963—2011	果糖和葡萄糖（克 /100 克）	≥ 60
GB 14963—2011	蔗糖（克 /100 克）	桉树蜂蜜，柑橘蜂蜜，荔枝蜂蜜，野桂花蜂蜜等≤ 10；其他蜂蜜≤ 5
GB 14963—2011	锌（毫克 / 千克）	≤ 25

续表

标准号	产品指标	要求内容
GB 2762—2012	污染物	规定了食品中铅、镉、汞、砷、锡、镍、铬、亚硝酸盐、硝酸盐、苯丙芘、N- 二甲基亚硝胺、多氯联苯、3- 氯 -1，2- 丙二醇的限量指标
NY 5138—2002	兽药残留	主要参照《食品动物禁用的兽药及其他化合物清单》
GB 2763—2014	农药残留	现有 371 种农药残留要求
GB 14963—2011	微生物限量	菌落总数 /（CFU/ 克）≤ 1 000、大肠菌群 /（MPN/ 克）≤ 0. 3、霉菌计数 /（CFU/ 克）≤ 200、嗜渗酵母计数 /（CFU/ 克）≤ 200、沙门菌 0/25 克、志贺菌 0/25 克、金黄色葡萄球菌 0/25 克
GH/T 18796—2012	水分（%）	一级品≤ 23 或者 20，二级品≤ 26 或者 24
GH/T 18796—2012	酸度（毫升 / 千克）	≤ 40
GH/T 18796—2012	淀粉酶活性	≥ 2 或者 4
GH/T 18796—2012	灰度（%）	≤ 0. 4
GB/T 18932. 1	真实性	蜂蜜中不得人为添加物质
GH/T 18796—2012	羟甲基糠醛（毫克 / 千克）	≤ 40

包括现行的 GB 14963—2011《食品安全国家标准　蜂蜜》、GH/T 18796—2012 行业《蜂蜜标准》、GB 2763—2014《食品安全国家标准　食品中农药最大残留限量》和农业部第 235 号公告等，这些标准中分别规定了蜂蜜产品指标限量要求和蜂蜜检测方法要求，如感官性质、各类糖含量、

酶活性等。虽然标准很多，包括国家标准、商业标准和行业标准，但我国国内蜂蜜标准要求还是不够完善，不能与国际蜂蜜标准接轨，使得我国蜂蜜出口企业蒙受巨大损失。与国际其他国家标准相比，欧盟蜂蜜安全指标涵盖范围更广，指标数量更多，指标值要求更严，欧盟规定蜂蜜中禁用的物质见表 1–3。

农药最大残留限量是国际蜂蜜标准中的主要内容，包括 47 项农药残留、29 项兽药残留，其中有 27 项禁用兽药。由此可见，国外蜂蜜质量安全标准以农药为主，因为国外主要考虑植物源花蜜的农药污染，且限量值比较严格，约一半指标要求限量值在 0. 01 ~ 0. 05 毫克 / 千克，基本都是仪器检出限值；对于兽药来说更严格，很多兽药都是禁用的。

表 1–3　欧盟规定蜂蜜中禁用的物质

序号	项目	序号	项目	序号	项目
1	马兜铃属及其制剂	10	洛硝哒唑	19	氨丙琳
2	氯霉素	11	阿福霉素	20	乙氧酰胺苯甲酯
3	氯仿	12	卡巴多司	21	尼卡巴嗪
4	氯丙嗪	13	喹乙醇	22	二苯乙烯类及衍生物
5	秋水仙碱	14	阿普希特	23	抗甲状腺类药物
6	氨苯砜	15	二硝托胺	24	类固醇类
7	二甲基咪唑	16	异丙硝唑	25	二羟基苯甲酸内酯
8	甲硝(哒)唑	17	氯羟吡啶	26	β－兴奋剂类
9	硝基呋喃 / 呋喃西林	18	氟羟吡啶 / 卞氧喹甲酯	27	沙丁胺醇

我国蜂蜜农兽药残留限量标准指标主要根据蜜蜂饲养中常用药设定，

基本未考虑国际市场要求，与欧盟、美国、日本更多地考虑本国利益和贸易市场的制标思路存在较大差异。我国现有标准明显不符合国际市场的需求，不利于蜂蜜质量控制。建议出口时重点关注比较敏感的氯霉素、硝基呋喃、链霉素、四环素族和磺胺类药物等。农药残留限量标准是我国蜂蜜产品中残留控制的薄弱环节，根据对主要出口市场的其他国家标准分析比较，我国制定有限量的农药残留远远低于贸易国的要求。而且，欧盟、美国、日本实行准许或肯定列表制，对农药品种是全覆盖。我国目前设定的农药残留指标，主要是考虑生产实际中蜂农可能使用的杀虫剂，而未考虑环境“三废”污染和农药使用对蜜源植物的污染问题，与主要出口贸易市场要求差异较大，出口面临风险。尤其是进口国家关注的氯丹、硫丹、氟氯苯菊酯等农药残留我国标准要求不严格。为此，应根据我国环境中实际用药和污染情况及贸易要求，分批分年度进行蜂蜜中农药残留限量标准制定工作。

目前，对于国际国外标准研究相对仍较薄弱。为顺畅出口，应系统地、连续地跟踪、收集、翻译、报道国外对于蜂蜜产品的最新质量要求动态，建立国外蜂蜜产品质量安全要求动态信息数据库，及时反馈给有关管理部门和生产企业，以便及时做出应变措施，帮助扩大出口。同时，应加大资金投入，开展国外有关蜂蜜标准制定程序和制定原则的研究，推进我国标准制定或修订工作程序的完善，使我国蜂蜜标准能与国际接轨，降低蜂蜜出口障碍。

除质量标准要和国际接轨外，我国蜂蜜标准的执行也需要加强。我国蜂蜜标准较多，检测指标和方法比较复杂，导致蜂蜜检测起来比较麻烦。为了减少蜂蜜检测标准，应该加强蜂蜜的蜂源、蜜源、生产、运输、储存等环节的监督，控制污染物、微生物，以及人为添加物进入蜂蜜，若蜂蜜的源头监督收到效果，蜂蜜质量将会得到提高。

专题二

蜂王浆产品的加工技术

蜂王浆是仅次于蜂蜜的主要蜂产品，应用历史悠久，应用领域广泛。经国内外多年科研和医学临床实践证明，蜂王浆在人类医疗、保健等方面具有奇特的功效。本专题详细介绍了蜂王浆化学成分、生理功能以及蜂王浆深加工产品的加工技术，同时也简单介绍了我国蜂王浆产品加工行业现状及相关质量标准。

一、蜂王浆简介

蜂王浆，又称蜂皇浆、王浆、蜂乳，是 5 ~ 15 日龄工蜂上颚腺和咽下腺所分泌的乳白色或淡黄色乳状液体，用以饲喂蜂王和 1 ~ 3 日龄幼虫，是蜂王幼虫整个发育期和雄蜂幼虫前期的唯一食物，类似于哺乳动物的乳汁。蜂王浆在蜜蜂的级型分化中发挥着重要的作用，蜂王产的受精卵孵化成幼虫，如果在整个幼虫期都食用蜂王浆，就能够发育成生殖系统完善的蜂王；而如果只在幼虫期前 3 日食用蜂王浆，此后只食用蜂蜜和花粉，则只能发育成生殖系统不完善的工蜂，工蜂根据发育日龄在蜂巢中发挥不同作用。

新鲜蜂王浆为黏稠的浆状物，有光泽感，其颜色呈乳白色或浅黄色，颜色均一，有胶状粒子物，颜色的差异与工蜂的饲料（主要是花粉）的色素有关，见图 2–1。另外，工蜂的日龄增加、蜂王浆保存时间过长，以及蜂王浆与空气接触时间过久而被氧化等因素，会造成蜂王浆颜色加深。

图 2-1　新鲜蜂王浆（李建科　摄）

蜂王浆具有一种典型的酚与酸的气味，味道酸、涩，略带辛辣，回味略甜。蜂王浆呈酸性，pH 为 3. 9 ～ 4. 1，酸度值比较高，它不溶于氯仿；部分溶于水，其余与水形成悬浊液；在酒精中部分溶解，部分沉淀；在氢氧化钠溶液中全部溶解。蜂王浆对热极不稳定，在常温下放置 72 小时，新鲜度明显下降，温度达到 130℃左右活性成分完全失效。在低温下比较稳定，在 –2℃时可保存 1 年，在 –18℃时可保存数年不变。蜂王浆暴露在空气中，会发生氧化、水解反应，光对蜂王浆有催化作用，对其醛基、酮基起还原作用。

蜂王浆的分类主要根据生产季节、蜜源植物和蜂群产量来定。①根据生产季节蜂王浆可分为春浆和秋浆两大类。春浆乳黄色，含水量略高，微甜。秋浆色略浅，含水量比春浆稍低，辛辣味较浓。②根据蜜源植物蜂王浆可分为油菜浆、洋槐浆、荆条浆、百花浆等。③按产量蜂王浆可分为低产（普通）浆和高产浆（图 2–2）。由于蜂王浆为劳动力密集型的产品，产量又很低，一般一群蜜蜂一年只能产蜂王浆 1 千克左右，因此生产成本很高。有关科研人员经过多年的育种，育出一些王浆产量相对高的蜂种，叫浆蜂，群年产量可达 8 ～ 10 千克。有一些育种场甚至选育出年产蜂王浆 13 千克以上的蜂群。根据大量的实验数据分析，高产浆的质量不比普通王浆差。

图 2–2　我国浆蜂高产蜂王浆（李建科　摄）

蜂王浆被科学家指定为世界唯一的、可供人类服用的纯天然胎儿级食品，对人类有极强的营养保健功能和医疗作用。现代营养学和医学研究表明，蜂王浆具有增强机体免疫功能、延缓衰老、防癌抗癌、降血糖、降血压、抗疲劳等保健功能和疗效。所有这些功能，都是以蜂王浆极其复杂的化学成分为物质基础的。

蜂王浆是工蜂分泌的物质，用于喂养蜜蜂的幼虫。如果幼虫没有被选作未来的蜂王，供给就会比较有限而且早早“断浆”，最后就成为工蜂。而对于成为王位继承人的幼虫，这种物质的供应就很充足，而且终生不断。“蜂王浆”的名称，就来源于此，长时间吃蜂王浆的蜂王成熟期短、寿命长，还有很强的生殖能力。

二、蜂王浆的主要化学成分

近年来，随着新兴分析技术的发展不断深入，有关蜂王浆化学成分的研究进入了一个新的阶段。现代大量研究表明，蜂王浆成分极为复杂，其化学组成随蜜蜂的品种、蜂群的群势、哺育蜂年龄、蜜源种类、气候条件、取浆时间和储存条件等各种因素的变化而变化。新鲜蜂王浆的基本成分为水分、蛋白质、氨基酸、碳水化合物、糖类和脂质维生素和矿物质等。人工移虫生产的蜂王浆见图 2–3。

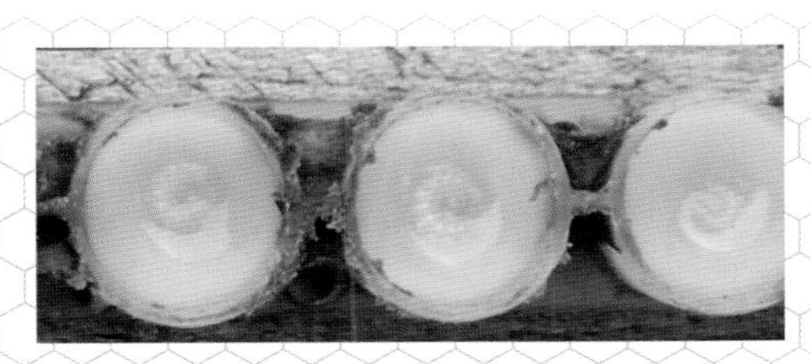

图 2–3　人工移虫生产的蜂王浆（李建科　摄）

（一）水分

蜂王浆是乳状液体，其中含水量在 60% ~ 70%，蜜蜂的品种、蜜源种类、气候条件、取浆时间和储存条件等都会影响水分含量。新鲜蜂王浆要求低温冷冻保存，如果需要更长时间保存，可以保存蜂王浆的冻干粉。选用优质新鲜蜂王浆为原料，在低温下快速冻结，然后在适当的真空条件下使冻结的水分子直接升华为水蒸气排出。冻干的蜂王浆活性比较稳定，常温下保存 3 年质量变化小，可以较长时间储存。

（二）蛋白质和氨基酸

从 19 世纪 50 年代开始对蜂王浆的化学成分分析以来，人们发现蜂王浆是一种十分复杂的天然产品，蛋白质是其主要成分。蜂王浆中的蛋白质约占干物质的 50%，蜂王浆中的蛋白质又叫王浆蛋白。王浆蛋白包括水溶性蛋白和水不溶性蛋白质，水溶性蛋白质占总蛋白质含量的 46% ~ 89%，为王浆蛋白的主要部分，称为 MRJPs（Major Royal Jelly Proteins）。蜂王浆含有 21 种以上的氨基酸，其中包括人体必需的 8 种氨基酸和牛磺酸。下面介绍一下蜂王浆中王浆主蛋白、抗菌肽、酶类和主要的氨基酸成分。

1. 王浆蛋白家族

主要王浆蛋白的分子量为 49 000 ~ 87 000 道尔顿，这些蛋白的 N 端核酸序列有高度的同源性。王浆蛋白主要包含 MRJP1、MRJP2、MRJP3、MRJP4 和 MRJP5 共 5 种蛋白质，占总蛋白质的 82% 左右。其中 2/3 为清蛋白，1/3 为球蛋白，这和人体血液中的清蛋白、球蛋白比例大致相似；所含的球蛋白是一种 γ－球蛋白的混合物，具有抗菌、延缓衰老的作用。王浆主蛋白 MRJP5 对温度变化敏感，测定其含量变化可以作为快速判断蜂王浆新鲜度的标准。蜂王浆新鲜度快速检测仪见图 2–4。

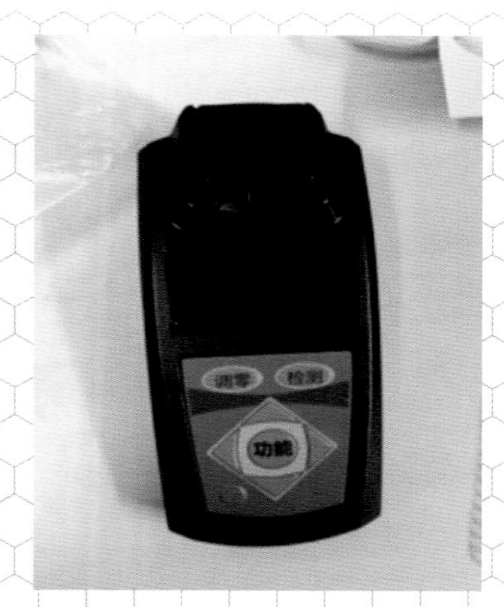

图 2–4　蜂王浆新鲜度快速检测仪（李建科　摄）

2. 抗菌肽

抗菌肽原指昆虫体内经诱导而产生的一类具有抗菌活性的碱性多肽物质，分子量在 2 000 ~ 7 000 道尔顿，由 20 ~ 60 个氨基酸残基组成。这类活性多肽多数具有强碱性、热稳定性以及广谱抗菌等特点。抗菌肽是蜂王浆中的一种抗菌蛋白质，分子量为 5 523 道尔顿。在生物检测实验中发现，在低浓度下具有抑制革兰阳性菌的潜力，但对革兰阴性菌不起作用。由于对食品安全性的高度重视，安全性食品越来越受消费者欢迎，抗菌肽作为一类安全无害、具有抗菌防腐功能的食品添加剂备受重视。

3. 酶类

蜂王浆中含有多种生物活性酶，如淀粉酶、脂肪酶、胆碱酯酶、磷酸酶、葡萄糖氧化酶、抗坏血酸氧化酶及 SOD（超氧化物歧化酶）等。这些酶的存在影响了蜂王浆中的一些组分（如淀粉和维生素等），却对蜂王浆的生物学功效发挥至关重要。SOD 是抗氧化活性蛋白的典型代表。温度对该酶活力的影响较小，该酶仅与铜和锌结合时存在活性。该酶经圆二色谱测定后，其 α 螺旋、β 折叠和无规则卷曲蛋白构型的含量分别为 26. 1%、53. 8%和 22. 0%。等电聚焦电泳测得蜂王浆中酶的等电点主要为 4. 69、4. 85 和 5. 01。单向和双向 SDS-PAGE 电泳表明 SOD 酶含有链内二硫键。氨基酸组成分析发现该酶由约 402 个氨基酸残基组成，其中天门冬氨酸、甘氨酸、亮氨酸、丙氨酸、谷氨酸和缬氨酸的含量较高。

4. 氨基酸

蜂王浆中的氨基酸种类繁多，包括人体所需的多种必需氨基酸和多种非必需氨基酸，苏氨酸、丝氨酸、缬氨酸、甲硫氨酸、异亮氨酸、亮氨酸、苯丙氨酸、赖氨酸、天冬氨酸、谷氨酸、甘氨酸、丙氨酸、胱氨酸、酪氨酸、组氨酸、精氨酸、脯氨酸等都在蜂王浆中存在。这些氨基酸中含量最高的是天冬氨酸和谷氨酸，包括抗菌肽在内的多肽都由这些基本氨基酸组成，它们在蜂王浆的功能中起到重要作用。游离氨基酸含量最高的则是脯氨酸和赖氨酸。此外，蜂王浆中还含有部分非蛋白氨基酸。

（三）糖类和脂质

相对于蜂蜜而言，蜂王浆中糖分含量不高，但它仍然是蜂王浆的重要表征组分之一，所含的糖类主要是果糖和葡萄糖。此外还包括蔗糖、麦芽糖、海藻糖和龙胆二糖等二糖。蜂种、地域、蜜源条件和饲养方式对蜂王浆中的糖分变化都有影响，尤其是蔗糖的含量在不同蜂王浆中差异相对较大。

蜂王浆中包括脂肪酸在内的脂类占 3% ~ 7%，成分相当特殊，至少含有 26 种游离脂肪酸，其中 10–HDA 是迄今为止自然界中发现的仅存在于蜂王浆中的特殊组分。因此，10–HDA 是目前蜂王浆的最重要的表征指标。除了 10–HDA 外，已鉴定出壬酸、癸酸、十一烷酸、十二烷酸、十三烷酸、肉豆蔻酸、肉豆蔻脑酸、棕榈油酸、硬脂酸、亚油酸和花生酸等。此外，蜂王浆还富含多种油脂、磷脂、蜡、萜类和甾醇类等化合物，如甘油三酯、甘油二酯、2，4– 次甲基胆甾醇、豆甾醇等。还含有神经鞘磷脂、磷脂酰乙醇胺及 3 种神经酯等磷脂质。

（四）维生素

维生素是人和动物为维持正常的生理功能而必须从食物中获得的一类

微量有机物质，在生长、代谢、发育过程中发挥着重要的作用。蜂王浆中的维生素以B族维生素含量最多，包括维生素B_1、维生素B_2、烟酸、泛酸、维生素B_6、叶酸、维生素B_{12}、生物素和肌醇。此外，蜂王浆中还含有少量的维生素A、维生素D、维生素K和维生素E等脂溶性维生素。它们在清除自由基、抗衰老、增强机体免疫力方面发挥着重要作用。

（五）矿物质

蜂王浆中富含多种矿物质，不同产地不同蜂种等条件下生产的蜂王浆所含有的矿物质元素的种类与含量存在差异，主要包括钾、钙、钠、镁、铁和磷等常量元素，以及锌、铜、锰、铬、硒、钴、镍等微量元素。这些微量元素具有多种重要生理功能，如具有防癌抗癌作用的硒、钼；与糖尿病有关的锌、铬、锰等；锌、铜、锰等元素是蜂王浆中某些酶类物质的重要结合组分，在酶的活性发挥以及在它们的作用过程中都至关重要。

（六）其他成分

除了上述成分外，蜂王浆中还含有微量的核糖核酸（RNA）和脱氧核糖核酸（DNA），RNA为3.8～4.9毫克/克，DNA为201～203微克/克。同时还有研究表明，蜂王浆中还含有磷酸腺苷（三磷酸腺苷、二磷酸腺苷和单磷酸腺苷）等物质。蜂王浆中还含有微量的其他活性成分，比如，3，5-二叔丁基苯酸、牛磺酸和乙酰胆碱等。

牛磺酸，又称 β－氨基乙磺酸，最早是从牛黄中分离出来的。在脑内的含量丰富、分布广泛，能明显促进神经系统的生长发育和细胞增殖、分化，且呈剂量依赖性，在脑神经细胞发育过程中起重要作用。海洋动物和紫菜中牛磺酸含量较高。

三、蜂王浆的生理功能和应用

大量实验研究和临床应用表明，蜂王浆具有免疫调节、抗氧化、抗衰老、抗菌、消炎、促进生长繁殖和调节心血管系统等多种生物学功能。现代营养学和医学研究表明，蜂王浆具有延缓衰老、提高机体免疫功能、防癌抗癌、抑制肿瘤、抗氧化、调节心血管系统等功能和疗效。

（一）延缓衰老

蜂王浆的抗衰老活性是最为人们所熟悉的，其最直观的表现在于能延长机体的寿命。终身食用蜂王浆的蜂王通常能存活数年，而与之具有相同基因的工蜂寿命却只有 4 ～ 6 周，前者寿命是后者的数十倍。研究表明，蜂王浆的这种延寿作用，还是跨物种的。利用秀丽隐杆线虫作为模型，研究蜂王浆的抗衰老作用，发现蜂王浆能通过 FoxO 转录因子 DAF-16 降低胰岛素 IGF-1 信号，从而延长线虫的寿命。而蜂王浆中的特异性组分 10-

HDA 能够不依赖 DAF-16 活性同样起到延长寿命的作用。这表明蜂王浆延长寿命的抗衰老活性在线虫模型中同样存在，且是通过多种途径共同作用而实现的。用加有蜂王浆的培养基培养短寿命果蝇，可使其寿命延长 20%。研究发现，蜂王浆中的一种 57 000 道尔顿蛋白质能够通过脂肪体中的表皮生长因子受体 Egfr 通路延长果蝇寿命，起到抗衰老的作用。即使是使用蜂王浆冻干粉，这一延缓衰老的作用依然在雄性果蝇上起作用。蜂王浆的延寿作用在哺乳动物模型上也得到了验证。蜂王浆能够降低损伤，提高小鼠的存活率。

蜂王浆的抗衰老作用还表现在能够抵抗组织器官的衰变和萎缩。工蜂的生殖系统组成与蜂王基本相同，但其形态结构及功能已经退化。以高浓度蜂王浆饲喂工蜂，能够激活其卵巢，提高工蜂的卵巢指数。蜂王浆还能够预防骨质疏松，通过提高大鼠肠道对钙的吸收，提高骨密度。口服蜂王浆还能抑制由三甲基色氨酸导致的脑回细胞急性死亡，改善脑和神经的萎缩现象。在抵抗皮肤老化方面，蜂王浆也具有很好的效果，能够提高皮肤内型前胶原和转化生长因子的含量，减轻紫外线对皮肤真皮层结构的破坏。此外，蜂王浆对于药物引起的肝肾等器官衰变也有很好的治疗作用。

此外，蜂王浆对于模型动物行为学上的衰老表现也有相当出色的改善效果。人们对行为衰老的关注突破了狭义上衰老等于老龄的概念，属于广义衰老的范畴。在阿尔茨海默病与帕金森病的动物模型中，均发现蜂王浆对于衰老所导致的活动能力下降、学习记忆能力减退等症状具有改善作用。这主要是因为蜂王浆几乎含有人体所必需的各种营养素，且比例均衡，易被人体吸收，能及时补充人体需要；蜂王浆能调整人体内分泌活动，促进细胞的再生，改善组织代谢机能，使衰老的细胞为新生细胞所代替，使整个机体得以更新。

（二）提高机体免疫功能

蜂王浆对系统性自身免疫缺陷具有调节作用。口服蜂王浆能显著降低系统性红斑狼疮的发病率，改善肾脏病症，降低自身抗体对红细胞的抵抗，从而控制疾病进程。蜂王浆能抑制特应性皮炎大鼠遗传性过敏症的产生，其原因在于蜂王浆能降低血管生成抑制剂特异性干扰素 –γ（IFN–γ）的产生并提高免疫调节中介一氧化氮合酶（NOS）的表达。与此同时，蜂王浆还能促进 Th2 细胞分泌白介素 IL4、IL5 和 IL10，起到抑制免疫球蛋白 IgE 的作用。体外试验证实，蜂王浆及其特有脂肪酸能增加神经元细胞对 β–III 型微管蛋白的免疫反应性、星细胞对神经胶质酸性蛋白质的免疫反应性及对少突神经胶质的免疫反应性。蜂王浆能够降低促甲状腺激素受体的含量，改善自发性免疫疾病毒性弥漫性甲状腺肿的病况。

此外，有关蜂王浆中特异组分的免疫调节作用的研究也有报道。蜂王浆中的脂肪酸 10–HDA 和 3，10– 二羟基癸酸表现出对异体细胞增殖的抑制作用，其中的抑制活性较强。体内试验则表明，3，10– 二羟基癸酸对钥孔血蓝蛋白免疫大鼠表现出免疫抑制活性。塞尔维亚的研究人员发现，蜂王浆中的 3，10– 二羟基癸酸能刺激人外周血单核细胞来源的树突状细胞成熟，上调 CD40、CD54、CD86 和 CD1a，提高 IL–12 和 IL–18 的生成量，与异源 $CD4^+$ 细胞共培养时能刺激 IFN–γ 的产生，下调 IL–10 的产量。

蜂王浆能激发免疫细胞的活力，调节和增加机体免疫功能。营养学家研究发现，服用蜂王浆对免疫系统有三大功能：一是均衡人体发展，调整内分泌，稳定免疫系统；二是自然清除功效，清除人体内的有害物质；三是营养免疫系统，同时刺激机体免疫细胞的增殖及分泌速度，增强免疫细胞的活性和刺激抗体的产生。

（三）抗菌消炎

研究表明，蜂王浆对革兰阳性菌和革兰阴性菌的生长均有抵抗作用，能够对链霉菌、金黄色葡萄球菌、假单胞菌和大肠杆菌等的生长起到抑制作用。蜂王浆的水溶性成分也呈现出很高的抑制革兰阳性菌镰刀菌的能力。

蜂王浆中还能够分离出多种抗菌肽。Royalisin 是一类从蜂王浆中分离出的抗菌多肽，具有强抗菌活性，能在低浓度时就产生抗革兰阳性菌的作用。180 微克 / 毫升的 Royalisin 就能显著抑制枯草芽孢杆菌的生长，效果等同于 50 微克 / 毫升的四环素。此外，Royalisin 还具有抗真菌活性，能够抑制灰霉病真菌活性。但 Royalisin 对革兰阴性菌如大肠杆菌和黏质沙雷菌的生长没有明显抑制作用。Jelleines 也是蜂王浆中发现的具有抗菌活性的多肽家族，具有广谱抗革兰阳性菌的作用。其中，一些 Jelleines 还表现出对酵母菌、革兰阳性菌和革兰阴性菌的专有抗菌活性。并且，Jelleines 和其他抗菌肽具有协同抗金黄色葡萄球菌和单核细胞增生李斯特菌的作用。

此外，蜂王浆中的脂肪酸也被证实具有抗菌活性。蜂王浆就表现出对革兰阳性菌（如化脓性细球菌）、革兰阴性菌（如大肠杆菌）以及真菌（如链孢霉菌）等的抗菌作用。

日本的研究人员研究了在牙龈卟啉单胞菌脂多糖刺激下蜂王浆对小鼠

牙周韧带细胞的作用，结果表明，蜂王浆能抑制细胞中 IL-6 和 CXC 趋化因子配位 10 的产生以及 CD54 的表达，表明蜂王浆对慢性牙周病导致的炎症反应具有改善作用。蜂王浆局部滴定还能有效治疗因氟尿嘧啶引起的口腔黏膜炎。土耳其的研究者发现蜂王浆对乙酸诱导的大鼠大肠炎具有修复作用。蜂王浆表现出对结肠黏膜的保护作用，能显著降低肥大细胞数量和减少结肠腐蚀的面积。同时，蜂王浆还能抑制炎症反应中的 $CD3^+$ 和 $CD45^+$ T 细胞的增殖，具有消炎作用。无细菌污染的新鲜蜂王浆见图 2-5。

图 2-5　无细菌污染的新鲜蜂王浆（李建科　摄）

最新的研究表明，蜂王浆中的 10-HDA 在炎症调控方面表现活跃，能够抑制 IFN-β 诱导的 NO 的产生以及核转录因子 -κB（NF-κB）和肿瘤坏死因子 -α（TNF-α）的活化，抑制 LPS 诱导的 IL-6 的产生和蛋白 -ζ（IκB-ζ）的表达。

（四）抑制肿瘤

科学实验和临床实践证明，蜂王浆对肺癌、结肠癌、膀胱癌、胰腺癌、支气管癌、乳腺癌、淋巴癌和移植性肿瘤都有良好的辅助治疗效果和抑制作用。给艾氏腹水瘤小鼠饲喂蜂王浆发现，由肿瘤演化引起的骨髓抑制和脾脏造血现象能够被蜂王浆所阻断，小鼠的存活率得到提高。体外试验还发现，蜂王浆能够刺激骨髓干细胞增殖。蜂王浆对于由双酚A诱导的乳癌细胞MCF-7增殖具有显著的抑制作用，而蜂王浆中的10-HDA在该方面无类似作用。蜂王浆冻干粉对小鼠黑色素瘤的生长有抑制作用，实验组的肿瘤体积和重量都显著低于对照组。病理检测及原位细胞凋亡检测发现，蜂王浆冻干粉能促进黑色素细胞凋亡，诱导瘤组织坏死。蜂王浆对人体脐静脉内皮细胞也具有影响，能抑制细胞迁移和增殖，表明蜂王浆有助于治疗血管再生相关的疾病（如抑制脾脏肿瘤生长）。

其作用机理可能有以下几个方面：首先，蜂王浆能提高机体免疫功能及吞噬细胞对癌细胞的吞噬能力，从而加强对外来致癌物质的抵抗力及分解力；其次，蜂王浆中的10-HDA、蜂王物质、生物蝶呤等高生物活性物质，可以通过刺激cAMP的合成，使蛋白质螺旋结构和氨基酸序列正常化，从而使受肿瘤破坏的结构正常化；最后，蜂王浆中的类腮腺激素、维生素及微量元素对癌细胞也有抑制作用。

（五）抗氧化

有关超氧化物歧化酶（SOD）清除自由基的抗氧化活性早已得到证实。从蜂王浆中分离出的SOD属于Cu/Zn-SOD，能通过歧化作用使体内活性氧的浓度保持动态平衡，从而维持细胞正常增殖，维护机体防护体系功能。另有研究表明，蜂王浆能减轻腐马素的毒害作用，主要是由于蜂王浆能抑制脂质过氧化和自由基产生并促进谷胱甘肽形成。通过脂质过氧化模型研究蜂蜜、蜂王浆、蜂胶的抗氧化作用，发现蜂王浆对超氧化物的清除作用介于蜂蜜和蜂胶之间。随后，通过对蜂王浆进行水提取和碱提取，发现两种方法提取的蛋白质产物均具有很高的抗氧化活性，能清除超氧阴离子自由基等活性氧。100 毫克 / 毫升的蛋白质提取物的抗氧化活性与 5 微摩尔 / 升的维生素 C 相当。

台湾的学者研究发现不同采浆时间对王浆清除 1，1- 二苯基 -2- 三硝基苯肼（DPPH）、抑制亚油酸过氧化以及总还原能力有不同的影响。结果显示移虫后 24 小时的蜂王浆具有最强的抗氧化活性。DNA 芯片比较实验证明，蜂王浆能降低小鼠肝脏内生性脂质的过氧化反应程度。而酵母细胞体外培养实验则表明，蜂王浆能降低细胞内氧化反应的程度。但又有研究发现，不同采浆时间对蜂王浆活性蛋白和多肽成分没有影响，而且 72 小时产浆量远高于 24 小时，所以目前采浆时间还是 72 小时。

（六）调节心血管系统

蜂王浆对心血管系统的调节作用包括调节血糖、血脂和血压等方面。德国学者的研究表明蜂王浆能降低血糖，提高高密度脂蛋白水平。日本学者的研究则显示，蜂王浆能够降低生血清总胆固醇和低密度脂蛋白水平，但对于高密度脂蛋白和甘油三酯浓度无显著影响。蜂王浆中含有类胰岛素物质和抑制血管紧张素转化酶（ACE）的活性成分，在体外表现出一定的血压调控作用，但效果并不出众。蜂王浆水溶性蛋白和纯化的王浆主蛋白在这方面亦是如此。此外，还有报道表明，蜂王浆的甲醇提取物也具有降血压活性。许多临床试验也证实，蜂王浆中的胰岛素样肽类、维生素、矿物质和某些黄酮类化合物可降低血糖、总血脂和胆固醇含量，减低动脉硬化指数并对糖尿病有较好的疗效。

（七）其他作用

蜂王浆有明显的抗疲劳作用，可使小鼠在不同温度中游泳的时间延长30% ~ 40%，使运动员的成绩提高。蜂王浆的药理生理作用为其提供了广阔的应用前景。临床上，蜂王浆可用于提高体弱多病者对疾病的抵抗力；用于治疗营养不良和发育迟缓，调节内分泌；作为治疗高血压、高血脂的辅助药物，防治动脉粥样硬化和冠心病；用于糖尿病的辅助治疗；也可作为抗肿瘤辅助用药，并用于放疗化疗后改善血象、升高白细胞数量等。此外，蜂王浆可作为多种化妆品的原料，不仅可以营养肌肤，为肌肤提供足够的营养，而且可使皮肤更加洁白、细腻、光泽、富有弹性，减少皱纹和黄褐斑等。

蜂王浆中含有三种人类生殖激素，它们分别是雌二醇、睾酮和黄体酮。据测定，每克鲜蜂王浆中含雌二醇 0.416 7 微克、睾酮 0.108 2 微克、黄体酮 0.116 7 微克，并且有实验表明，将蜂王浆制成冻干粉后这些性激素不会遭受任何破坏。所以，不建议儿童食用蜂王浆类产品。

四、蜂王浆生产加工工艺和技术

蜂王浆是养蜂生产过程中重要蜂产品之一，也是蜂农增加经济收入的主要来源。早在1957年我国就开始尝试采用人工育王的方法，组建无王群生产蜂王浆，随后研究成功有王群生产蜂王浆技术，但蜂王浆生产仍然是靠人工制作蜡质的台基，生产效率低下，产量低。自20世纪80年代我国成功选育浆蜂以来，以及新型高产全塑台基条的研制成功和蜂王浆生产技术上的进步，降低了蜂王浆生产的劳动强度，提高了蜂王浆产量。目前，我国蜂王浆年生产量已达到4 000吨左右，占世界总产量的90%以上，已成为世界上蜂王浆生产和出口大国。

（一）蜂王浆生产方法

一般情况，生产蜂王浆的操作程序一个人就能完成，如有三四个人配合就更好，人少蜂场小可以互相协作，分批轮流生产。生产蜂王浆需要有王浆框、蜡盏棒、移虫针、隔王板、蜂蜡、小镊子、小刀、画笔、塑料瓶、广口保温瓶、酒精、纱布等工具，见图2–6。

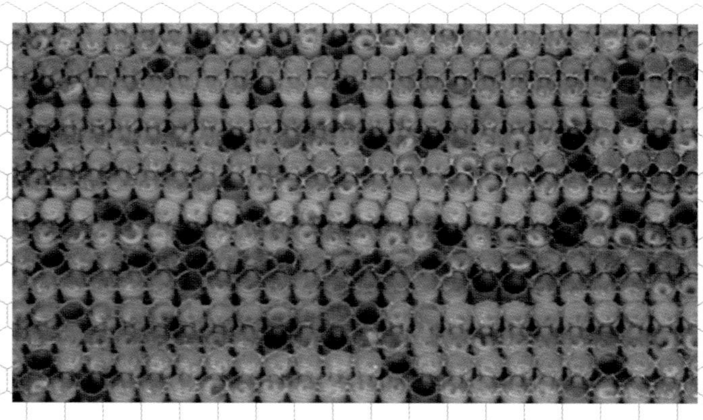

图2–6　蜂王浆高效生产（李建科　摄）

1. 组织产浆群

有王群、无王群、继箱群、不箱群都可以生产王浆。蜂群要求适龄幼蜂多，蜂多于脾或蜂、脾相称。气温在 20 ~ 35℃时，分泌王浆最多。大蜜源可多产，小蜜源可酌情生产，只要有花粉源，人工补给部分蜜糖时也可生产。目前一般采用有王群生产，这样可以减少繁殖、采蜜、取浆三者之间的矛盾。有王群生产王浆的组织形式是：育隔王板的继箱群，要求有 6 框蛹脾、2 框幼虫脾、1 框空脾，若达不到这些要求，可从别的群中抽来补足。继箱板 1 框幼虫脾、2 框蛹脾、2 ~ 3 框蜜粉脾、1 框空脾。

2. 人造王台

用事先在冷水中浸透的蜡盏棒，垂直插入预先溶好的蜡液中 8 ~ 10 毫米，蘸 2 ~ 3 次，随即放入冷水中，冷却后提出，以左手的食指和大拇指轻轻捏住沾在棒上的蜡，右手转动蜡盏棒，棒上的蜡即脱离蜡盏棒而形成一个蜡碗，即为王台。将王台底稍加一滴蜡，迅速而垂直地粘在王浆框条上，一框粘 3 ~ 4 条，一条粘 25 ~ 30 个王台。粘好后王台口一律向下，移虫前 2 ~ 3 小时放到继箱内让工蜂修整，然后移虫。

3. 移虫与取浆

幼虫以 1 日龄以内的虫龄为佳，其虫体弯曲如新月形，呈蛋青色，阴雨天挑稍大的幼虫，天晴需挑较小的幼虫。将移虫针头的末端，顺着蜂房的边缘，稍倾斜地伸到幼虫底下，借移虫针的弹性，连浆轻轻挑起幼虫，随即将针在王台底一沉，从一侧倒退出来，幼虫即在王台底。移虫后应立即放入蜂巢里，注意王台口应倾斜朝下，让工蜂哺育。据观察，移虫 40 分即可发现哺育，但由于各种因素，如人造王台的质量、移虫技术、气候、蜜源和群势不同，接受率有好有差。未接受的王台第二天需进行补移，幼虫应比第一天所移的稍大一点。移虫后60小时左右，提出王浆框，用刀片清理王台口，用小镊子或竹片挑出幼虫，用画笔刮出王浆，装入已经清洗消毒的塑料瓶中。最后放在盛有冰块的广口瓶或冰箱中保存。有条件的可用真空抽气机取王浆。人工取浆见图2–7。

图2–7　人工取浆（李建科　摄）

目前，我国大部分蜂场生产蜂王浆还是靠手工操作，劳动强度大，工作效率低。为了实现我国蜂王浆生产机械化，采用产浆条标准化，用移虫机和标位器移虫，用摇蜜机分离幼虫和蜂王浆，大大缩短了产浆的工作时间，还提高了蜂王浆产量与质量。要实现蜂王浆生产机械化，解决人工移虫难题成为关键因素。除了人工移虫，还包括人工挖浆，近年来我国的蜂业工作者研制出多种多样的机械取浆机具，主要有抽吸式、挖刮式、挤压式和离心式四种类型，其中离心式蜂王浆分离机是一种较为实用的蜂王浆采收工具。甚至有研究人员针对人工采集过程进行步骤分解，设计了机器人的任务执行流程，并对蜂王浆采集机器人系统进行功能分析。将该系统按功能分为视觉识别和驱动执行两部分，实现了图像处理、形状识别和目标点的提取功能，最终通过该摄像机模型将坐标点由图像空间转换到三维坐标系中，设计了机器人仿真模块进行取浆。

（二）蜂王浆冷冻干燥工艺

蜂王浆具有一定的生物活性，但具有较高的热敏感性。因此，新鲜蜂王浆的常温储藏，会很快丧失其生物活性，以致腐败、变质。我国规定蜂王浆应在 -18℃下低温保存。新鲜蜂王浆经过冷冻升华干燥，制成干粉后，则从根本上解决了蜂王浆由于储藏困难而带来的一系列麻烦，从而促进了蜂王浆生产与销售的发展。冷冻干燥特点包括：①由于在低温下操作，故物料能更好地保留其天然质量及各种营养成分。②由于在真空下操作，故物料不易氧化的气性微生物的生长和氧化酶的作用也受到抑制。③物料的原有体质、形状、组织和结构不变，保持了原来物质的特性，避免了溶质浓缩而使制品变质。④由于冰晶体升华，造成物料的多孔疏松结构，加水后极易溶解，因此复水快，食用方便。⑤能排除 95%以上的水分，制品能长期保存而不变质。

下面就蜂王浆冷冻升华干燥的工艺问题进行介绍。

1. 冷冻升华干燥原理

冷冻升华干燥实际上是一个脱水过程。将加工的原料首先冻结，然后在真空状态下将水分以蒸发干燥的方式除去。从理论上可知，水的液态、固态、气态三种不同的状态是由压力和温度所决定。根据压力减少、沸点下降的原理，当压力降到 600 帕，温度在 0℃左右时，冰、水、气可同时存在，即三相平衡点。当压力低于6 000帕时，不论温度如何变化，水的液态不能存在。这时如何对冰加热，冰也只能直接升华成水蒸气。根据这个原理，即可对含有大量水分并具有热敏感性的蜂王浆进行冷冻升华干燥制成干粉。

2. 冷冻升华干燥操作工艺

蜂王浆冷冻升华干燥需要冷冻干燥机。其结构主要可分为干燥箱、冷凝器、操纵台、制冷系统、真空系统、加热系统及连锁控制、报警装置七大部分。

（1）原料准备　根据国内有关文献及国际Edwards冻干工艺技术中心报道，物料浓度要定在4%～25%（过稀则成形疏松，干燥时易飞失；过浓则水分不易逸出，成品形成硬块，影响溶解），在大容积的冻干之下，一般选用较高的浓度，用以增加干燥效率。因此对浓度达35%～40%的蜂王浆，必须按1∶1配比用蒸馏水稀释，使物料浓度为17.5%～20%。用80～100目丝绢网过滤，以除去蜂王浆中的蜡质和杂质。物料装盘厚度的大小，可以制约冻干能力及效果。其厚度必须尽可能限制在最小范围。冻层厚度越大，内部水分子需通过很厚的障碍，阻力就大，极易造成干燥不彻底。反之，厚度太小，总的干燥效率也随之降低。根据公式：$A/V=1\sim2$，公式中A为产品的升华面积，V为产品的体积。物料装盘厚度一般控制在1厘米以内。

（2）物料预冻　经稀释、过滤、装盘的物料，放入干燥箱，启动干燥箱的制冷设备，对物料进行冻结。

1）冻结温度　足够低的温度及冻结速度，对制品质量有重要的影响。

一般预冻的温度应控制在共融点以下 5℃左右（蜂王浆的共融点可参考并略低于人血浆的共融点 -30 ～ -25℃）。因此，蜂王浆的冻结温度可控制在 -35 ～ -30℃。

2）冻结速度　根据冻结速度可分为快速冻结和慢速冻结两种。快速冻结出来的水分结晶细，单位体积内的成分均匀一致，但下一步冻干的速度就较慢。慢速冻结出来的水分冰晶较大，但冻干速度较快。因此，蜂王浆的冻结速度一般取快速冻结和慢速冻结之间。冻结速度一般控制在每分钟下降 2 ～ 3℃。

3）冻结时间　预冻时间从低于共融点温度算起一般为 2 小时左右，因每块搁板温度有所不同，需给予充分的时间。此时不准抽真空，当制品未冻结而形成真空时，则会促使制品沸腾而膨胀发泡、起鼓，见图 2-8。

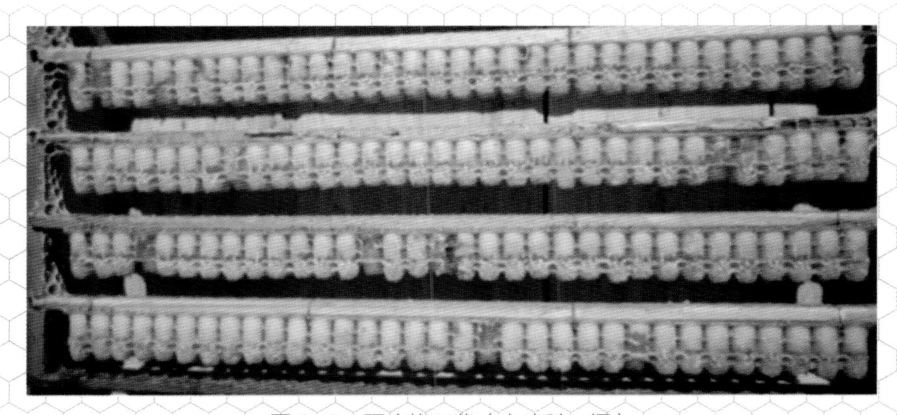

图 2-8　预冻蜂王浆（李建科　摄）

（3）第一阶段干燥（升华干燥过程）

第一，开启冷凝器的制冷设备，使其温度保持在 -50℃以下。1 克冰在 13. 3 帕时产生 9 500 升的水蒸气，体积大，用普通机械泵来排除是不可能的，而用蒸汽喷射泵需高压蒸汽和多级串联，对中小企业也不划算，故采用冷凝器。用其冷却的表面来凝结水蒸气（冷阱捕集）形成冰。由于其保持在 -50℃以下，冷凝器中蒸汽压降低在某一水平上，干燥箱内蒸汽压高，形成压差，故大量水蒸气不断进入冷凝器。

第二，启动真空泵，使干燥箱形成真空负压，促使制品的饱和蒸汽压高于周围的水蒸气压，以破坏水分子活动的动态平衡，形成物质的升华，并随时将升华出来的水分子尽快排除，减少由于周围的空气分子过多存在而造成的阻力增加。真空度一般可控制在 13. 3 帕以下。

第三，由冰直接升华，需要吸收热量，此时开始对干燥箱加热。但加热皿不能太快，物料温度应维持在 25 ～ 30℃。若加热太多或过量，则物料本身温度上升超过共融点，使物料局部熔化，体积缩小，起泡。整个升华干燥阶段一般为 6 ～ 8 小时。

（4）第二阶段干燥（解吸干燥过程） 当冰晶全部升华以后，第一个干燥阶段即告完成。但是，产品仍含有 10%左右没有冻结而被产品牢牢吸附着的水，必须用比初期干燥较高的温度和较低的绝对压力，而冷凝器的温度应低于升华干燥时的温度约 10℃，才能将这些水分转移，使产品中的含水量降低到能在室温中长期储藏的给定低水平。根据萨耳文（Savlin）的论述，残留水分的最大允许量，对于含沉粉量高的产品为 6%，含蛋白质高的产品为 3. 5%。因此，蜂王浆干粉的含水量要求不大于 5%。

第一，干燥箱的温度由 -25℃逐步升到 35℃左右，升温的时间可控制在 3 ～ 4 小时。

第二，保持物料干燥末期温度 35℃（当制品温度与提供热量而保持恒定的搁板温度基本一致）4 ～ 6 小时，确保残余水分含量达到规定要求。

（5）制品出箱化霜

第一，停机放气，破坏真空。整个冷冻干燥过程结束后，即可按步骤停止机组的运行，并打开干燥箱的放气阀门（最好在放气阀门前装置干燥器，以防室内潮湿空气影响物料的含水量）。

第二，取出成品。真空破坏后，即可打开干燥箱，取出物料。

第三，化霜烘干。在大气压下，用自来水对冷凝器进行加热化霜。化霜完毕，待水放尽后，然后用热风将冷凝器内部吹干。

（三）蜂王浆深加工工艺

1. 蜂王浆口服液

蜂王浆口服液是以新鲜蜂王浆辅以蜂蜜等加工而成，较好地保持了蜂王浆的有效成分，是目前国内外市场广为流行的口服珍品，老幼皆宜。蜂王浆口服液，安瓿瓶型有5毫升、10毫升、20毫升等规格；小瓶分装的有100毫升、250毫升等规格。根据使用对象及服用量的不同，各种规格的蜂王浆含量有差异，以每毫升含10毫克、20毫克、30毫克、40毫克不等，其中以每毫升含40毫克、5毫升安瓿瓶分装的最为常见。

（1）工艺流程（安瓿瓶型）　原料处理（主要是蜂王浆和蜂蜜）→灭菌过滤→配置→灌封→检测→包装→入库。

（2）参考配方

蜂王浆　40克	蜂蜜　950克
75%酒精　40毫升	白糖　25克

柠檬酸　0.5克	苯甲酸钠　0.2克
尼泊金乙酯　0.1克	樱桃香精　1毫升
加入适量无菌水至总体积为1 000毫升	

从冰库取出需用量的蜂王浆，对入等量的75%食用酒精，使之稀释、灭菌，混合均匀后，用60目滤网粗滤，除去幼虫、蜡片等杂质。再投入胶体研磨一遍，使之成为细腻的乳状液。将其放入0～5℃的低温室内静置24小时，再进行精滤，除去易沉淀及析出物质。选择味美、色佳、纯正的成熟蜂蜜，解晶后投入夹层容器中液化，灭菌处理。在温度为65～70℃的条件下，保持30分，陆续除去上浮的泡沫，而后用100目滤网进行过滤，除去杂质。

将蜂蜜冷却至室温，投入特制的不锈钢配料桶中，加入蜂王浆搅拌10分后，再加入液化成浆的绵白糖（或经处理而成的焦糖）和至刻度所需要的无菌水及香料，最后加入柠檬酸。在密闭的条件下，充分搅拌30分，稍停几分钟后，再次搅拌数分钟，使各种原料混合均匀。而后，调整pH在3.4～4.4。

对有特殊要求的剂型，尚可添加微量的胶浆剂，如海藻酸钠、梭甲基纤维素等，以利提高稠度，避免刺激性。如采用淡色蜂蜜做辅料，可根据消费者心理，采用添加焦糖的办法，调整品色。也可直接选择优质的深色蜂蜜（如枣花蜜、向日葵蜜等）做辅料，可使品色自然加深。避免添加合成色素，以保持制品的天然特性。

为了保证制品长期存放而不腐败，应添加适量的防腐剂。防腐剂以苯甲酸钠为宜，事先溶于温水中，等蜂蜜液化结束时即可加入苯甲酸钠，不可与柠檬酸同时加入。一般当其他原料全部加入并混合均匀时，最后加入柠檬酸。尼泊金乙酯在呈酸性的口服液中抑菌效果较好，可与苯甲酸钠同时使用，用量以掌握在万分之一为宜。

2. 蜂王浆饮料类加工

蜂王浆饮料生产包括以下步骤：蜂王浆除杂→提取→离心过滤→储罐→配料→超滤→加净化水标准化→脱气→瞬时杀菌→罐装→杀菌→喷码→存储→检验→包装→成品。

（1）蜂王浆处理　从冰箱取出需用量的蜂王浆，兑入 75%食用酒精少许，使之稀释，在搅拌的条件下充分混合，离心过滤，除去幼虫、王台口、蜡片等杂质。将蜂王浆 4 份、75%食用酒精 0. 2 份、温水（60℃）15 份混合搅拌，得蜂王浆悬浮液。在 65℃继续搅拌 30 分，进行提取处理，然后冷却至室温，用 10%碳酸钠水溶液调节 pH 至 5. 0，再以 600 转 / 分的离心速度进行离心分离 20 分，分离出不溶成分，制成透明的蜂王浆溶液。

（2）配料　用沸腾软化水稀释蜂蜜，然后冷却至 40 ～ 50℃，双联过滤器过滤，进入配料罐，按工艺配方加入各种原辅料，搅匀，再进行硅藻土过滤机过滤，工作压力为 0. 02 兆帕，产品透光率达 90%以上。

（3）脱气　脱气机的真空度为 0. 05 兆帕。超高温瞬时杀菌、封罐、杀菌。超高温瞬时杀菌温度 120℃，时间为 3 秒，出料温度为 45℃。封罐机的真空度为 0. 05 兆帕，然后在沸水中杀菌 15 分。

3. 蜂王浆胶囊加工

胶囊是将粉末、液体或半固体原料填装于硬胶囊或软胶囊中制成制剂。

胶囊剂的特点是整洁美观，易于吞服，原料的生物利用度高，在肠胃中比片剂分解得快，吸收得好，同时也能克服蜂王浆对光敏感、对湿热不稳定等弱点，提高原料的稳定性，避免其氧化、分解、吸潮结块、变质等现象。蜂王浆胶囊包括蜂王浆硬胶囊和蜂王浆软胶囊。

（1）硬胶囊的制备流程　硬胶囊生产分为手工填充胶囊、机械填充胶囊和全自动填充胶囊三种。基本流程都包括原料粉碎过筛→填充→封口印字→包装。具体流程与普通硬胶囊类似。

（2）软胶囊的生产工艺　软胶囊生产设备包括自动旋转制囊机、熔融锅、干燥机、擦丸机等。生产流程：蜂王浆干粉→配料→研匀→混悬液→填充压丸→干燥→洗擦丸→再干燥→选丸计数→检验合格→包装→成品→储存。

操作步骤：明胶加蒸馏水膨胀后与适量甘油置于熔融锅中，加热至80℃混合成胶液（可加入适量色素），胶液通过储液器在滚筒上流过形成一定厚度的胶带。将西洋参蜂王浆混悬液，通过自动旋转制囊机的排液泵，进入冲辊模孔填充入胶带，灌装成形压制成软胶囊。填充压制好的软胶囊，进入干燥机中在一定温度与湿度的干燥空气下，通风干燥，使软胶囊含水量为6%～10%。将软胶囊清洗干净，再将软胶囊铺摊在浅盘内，在温度20～25℃，相对湿度20%～30%的干燥空气下，干燥24小时。干燥后的软胶囊，剔除填装量不合格的产品，成品送检合格后，包装储存。

4. 蜂王浆片剂

这类产品以蜂王浆为主要原料，添加淀粉、糖等辅料，搅拌均匀压成片即可。为了减少蜂王浆与空气直接接触而产生氧化或吸收空气中的水分，蜂王浆片通常包有糖衣。此外，许多同类产品在此基础上添加辅助治疗剂，以加强蜂王浆的作用。活性蜂王浆含片保存、携带、使用均方便，可在口中含服缓慢溶解，增加了口腔黏膜对其有效成分的吸收，同时口感醇正，回味无穷，是病后体弱者和老年人等的保健佳品。市场上销售的片剂包括蜂王浆口含片、蜂王浆冻干粉含片、蜂王浆薄荷含片、蜂王浆包衣含片等。

（1）蜂王浆口含片

1）配方

新鲜蜂王浆　100 克	维生素 B_2　0. 25 克
人参　10 克	辅料适量
维生素 B_1　2 克	

2）工艺流程　人参切碎，乙醇提取→过滤浓缩→溶解蜂王浆和维生素→加入辅料→制粒烘干→颗粒压片→上糖衣→包装成品。

（2）蜂王浆冻干粉含片

1）配方

蜂王浆冻干粉　100 克	蔗糖　30 克
人参冻干粉　10 克	山梨糖醇　10 克
硬脂酸镁　7 克	微硅胶粉　3 克

2）工艺流程　蜂王浆冻干粉、人参冻干粉→加入蔗糖、甘露糖、甘氨酸粉末→充分研磨→过 80 ~ 120 目筛→加水搅拌→加入柠檬酸→混匀→压片。

（3）蜂王浆薄荷含片

1）配方

蜂王浆冻干粉　100克	薄荷脑　0.2克
山梨糖醇　50克	薄荷油　0.1克
异麦芽低聚糖　5克	冰　0.1克
食用酒精适量	硬脂酸镁　1克

2）工艺流程　蜂王浆冻干粉→造粒→烘干→整粒→加香→加润滑剂→冲片→包装→成品。

3）注意事项　山梨糖醇吸湿性大，若用水造粒，水分渗透较难控制，在烘干时不易干燥，易造成局部溶化，冷却后结成硬块，使产品产生花点，入口溶化不顺，影响风味，也影响效果。采用50%食用酒精造粒可以克服这个缺点。但使用酒精有两个问题必须解决：一是酒精应该回收利用，但在实际生产中有一定的困难，有条件的工厂可以根据情况增加酒精回收工序；另一个问题是，在烘干时需注意酒精的疏散，以免引起火灾等事故。

五、我国蜂王浆产业现状及相关标准

（一）我国蜂王浆产业现状

我国年产约4 000吨蜂王浆，占全球总产量的90%以上，而且中国蜂王浆产业是典型的出口外向型产业，在国际上形成了显著的产业优势。因产地不同，蜂王浆价格也不一样。一般认为国内蜂王浆中，西北地区的是最好的。这是因为西北蜂王浆的癸酸含量较高，它比南方浆每千克贵20

元左右，市场价在 260 元 / 千克左右。

近几年，我国蜂王浆出口量都在 1 000 吨左右，金额达到 2 000 万美元，而且出口总量强劲增长，其中冻干粉和制剂出口占到很大比例。例如，2014 年我国鲜王浆出口量为 742 778 千克，出口均价为 27. 12 美元 / 千克。2014 年我国王浆冻干粉出口量为 220 548 千克，出口均价为 87. 02 美元 / 千克。2014 年我国王浆制剂出口量为 372 857 千克，出口均价为 8. 49 美元 / 千克。低温储藏的蜂王浆见图 2–9。

图 2–9　低温储藏的蜂王浆（李建科　摄）

分析近十年蜂王浆产品出口数据发现，我国蜂王浆出口市场遍及世界五大洲，主要市场一直是日本。2010 年，我国蜂王浆出口到 29 个国家和地区，出口额在 50 万美元以上的市场有 5 个，出口额超过 500 万美元的国家只有日本，位居第二的比利时出口额仅 140 万美元。

我国一直是蜂王浆生产和出口大国，未来蜂王浆的发展需要注意以下几点：第一，企业要调整产品结构，提高产品质量，创建品牌产品，向产业链的中高端发展，让中国蜂王浆以高档滋补品的面貌出现在世界市场。

第二，要加强国际标准的建设。目前蜂王浆国际标准建设进入复议阶段，国际标准化委员会成员国已对中国提出的修改议案做出复议。第三，要规范生产，尽快实施蜂王浆出口生产资质管理，提高我国蜂王浆的国际市场竞争力。

出口产品附加值低是困扰我国蜂王浆行业发展的另一重要因素。中国虽然是蜂王浆生产和销售大国，但是由于出口产品大多为低附加值的原料性产品，企业仍以价格竞争作为争夺市场的主要手段，导致在对外贸易中实际获得利润非常微薄，特别是蜂农没能获得最佳的利润回报，大部分利润流入国外品牌厂商和销售商的手中。

目前，我国蜂产业还处在发展阶段，价格竞争仍是争夺市场的主要手段，而且成本、汇率等因素还在不断地挤压蜂王浆出口企业的利润空间，这不但严重损害蜂农利益，还会影响企业技术投入后劲，削弱中国蜂产业国际竞争力，因此提高蜂王浆产品技术、制造升级、产品差异化和品牌战略是现阶段蜂王浆产业的工作重点。

在蜂王浆生产机械化方面，我国仍然是靠人工移虫和人工挖浆进行生产，这种手工生产的方法，不但劳动强度大，费时费力，而且受到虫源和视力的限制，生产效率低，同时也严重限制了蜂场的蜂王浆生产规模。随着我国劳动力成本的不断上升和养蜂者老龄化等问题的出现，我国必须走出一条机械化或半机械化生产蜂王浆的道路。虽然许多学者做了很多积极有益的研究工作，为实现蜂王浆生产机械化打下良好基础，但许多研究成果与养蜂生产实际应用还有一定的差距，仍需进一步探讨与研究。所以加快成果转化也是科研工作者的工作重点。

（二）我国蜂王浆行业质量标准

近年来，我国蜂王浆产品出口屡屡受阻，由于发达国家采取贸易保护政策，例如欧盟禁止动物源性食品进口、日本食品中残留农业化学品肯定列表制度、《美国膳食补充剂行业 cGMP 实施规定》，从中不难看出，国际市场对于保健产品的质量监控日益严格。蜂王浆标准及分类要求见表2–1。

表 2–1　蜂王浆标准及分类要求（GB 9697—1988）

名称		优等品	一等品	合格品
感官指标	状态	浆状朵块形，微黏，光泽明显；无幼虫、蜡屑等杂质；无气泡	乳浆状，微黏，朵块形不少于 1/3，有光泽；无幼虫、蜡屑等杂质；无气泡	乳浆状，微黏，有光泽感；无幼虫、蜡屑等杂质；无气泡
	气味	蜂王浆香气浓，气味纯正，有明显的酸、涩带辛辣味，回味略甜，不得有发酵、发臭等异味		有蜂王浆香气，气味纯正，有酸、涩带辛辣味，回味略甜，不得有发酵、发臭等异味
理化指标	水分（%）	62.5 ~ 67.5	62.5 ~ 67.5	67.5 ~ 70
	粗蛋白质（%）	11	11	11
	酸度	30 ~ 53	30 ~ 53	30 ~ 53
	灰分（%）	1.5	1.5	1.5
	总糖（%）	15	15	15
	淀粉（%）	不得检出	不得检出	不得检出
	10–羟基–2–癸烯酸（%）	1.4 以上	1.4 以上	1.4 以上

自 1988 年以来，我国蜂王浆一直执行《中华人民共和国国家标准蜂王浆》（GB 9697—88），其中对蜂王浆产品参数做出规定，但大部分都是一些推荐性标准，很多企业并没有执行，这就容易导致市场上蜂王浆产品质量的良莠不齐。

我国蜂王浆产业历经考验和挫折后，渐已成熟，但是对日本市场的高依存度、产品国际标准缺失以及产品加工生产过程中抗生素残留等因素仍然阻碍整个行业的发展。对日本市场的高度依存，使得日本对中国蜂王浆质量要求愈发严格。由于质量问题，每年都有遭到日方通报的质量不合格的企业，这既影响“中国制造”的声誉，也使我国所有对日出口企业检测成本增加。

随着蜂王浆销售市场的不断扩大，需要有统一的标准来规范其生产和销售，以保障消费者食用健康和安全的蜂王浆。我国是世界蜂王浆主要生产国，也是蜂王浆出口大国，并是《蜂王浆国际标准》主要起草国。《蜂王浆国际标准》的制定关系到广大蜂农与企业的切身利益。蜂王浆产品等级和理化要求见表 2-2。

表 2-2　蜂王浆产品等级和理化要求（GB 9697—2008）

指标	优等品	合格品
水分(%)≤	67.5	69.0
10-羟基-2-癸烯酸(%)≥	1.8	1.4
蛋白质(%)	11～16	
总糖(以葡萄糖计)(%)≤	15	
灰度(%)≤	1.5	

续表

指标	优等品	合格品
酸度（1 摩尔 / 升氢氧化钠）（毫升 /100 克）	30 ~ 53	
淀粉	不得检出	

2008 年，国家标准化管理委员会、国家质检总局食品局和中国蜂产品协会等十多家单位联合召开了蜂王浆国家强制性标准审定会。新标准中主要强制性指标包括色泽、气味、滋味和口感等。具体如下：无论是黏浆状态还是冰冻状态，都应是乳白色、淡黄色或浅橙色，有光泽，冰冻状态时还有冰晶的光泽；黏浆状态时，应有类似花蜜或花粉的香味，气味纯正，不得有发酵、酸败气味；黏浆状态时，有明显的酸、涩、辛辣和甜味感，上腭和咽喉有刺激感，咽下或吐出后，咽喉刺激感仍会存留一些时间。冰冻状态时，初品尝有颗粒感，逐渐消失，并出现与黏浆状态同样的口感；常温下或解冻后呈黏浆状，具有流动性，不应有气泡和杂质（如蜡屑等）。新标准最大的变化就是：涉及蜂王浆产品的各项指标，都从原来的推荐性要求改为强制性要求。新标准对蜂王浆产品的真实性做了明确要求，规定蜂王浆中不得添加或提取任何成分。新标准还对蜂王浆产品的蛋白质含量的界限值进行了调整，由原来的 11% ~ 15%调整为 11% ~ 16%。在等级要求方面，根据理化品质，蜂王浆分为优等品和合格品两个等级。理化要求中水分含量，优等品≤ 67.5%，合格品≤ 69.0%。

为了改变目前混乱的状况，提高蜂王浆及其制品的质量，必须在卫生、商检、养蜂等部门通力合作下，加强管理监督。①加强行业管理现阶段我国养蜂业处于分散、落后的生产方式，与现代化养蜂很不适应。应加强各级养蜂管理部门的领导，引导蜂农进行适度的集体化经营，发展农工商一体化生产。要努力加强宏观调控，对养蜂专业户在计划、政策、信息、技术等方面加强指导，生产优质产品，对于掺杂掺假等违法行为要予以打击。②实行优质优价政策。当前在收购价格上采取“一刀切”，这是非常不合理的，一要拉开档次，优质优价，不合格的绝不能收购，鼓励蜂农多生产优质产品支援出口。③贯彻执行国家有关标准和规定。对蜂王浆国家标准和蜂王浆制品质量标准及药品管理、食品管理法应贯彻执行。严格按标准生产、收购、储藏、加工销售。至于蜂王浆制品，建议应借鉴日本标准，由卫生部门统一确定蜂王浆制品含 10-HDA 的最下限标准，达不到含量标准不能认为是蜂王浆制品。④建立和健全全面质量管理政策。质量监控不仅仅在产品最后阶段，而要建立、健全管理组织，贯彻在每一个环节。在新鲜蜂王浆生产阶段，主要由蜂管部门进行监督，如蜂群强弱、取蜂时间、储藏情况等。在制品及原料流通方面，由工商部门进行监督检查。制品加工方面，由卫生部门监督配方投料、加工工艺、产品质检等。对市场销售产品，要经常不定期抽检，并随时公布检测结果。为加强检测工作，各地要大力培训技术人员，提高检测人员能力和检测技术。

专题三

蜂胶产品的加工技术

蜂胶是一种极为稀少的天然资源，素有“紫色黄金”之称，内含 20 大类共 300 余种营养成分。本专题详细介绍了蜂胶的化学成分、生理功能以及蜂胶相关产品的加工技术，同时也简单介绍了我国蜂胶产品加工行业面临的问题及相关质量标准。

一、蜂胶简介

蜂胶是蜜蜂从植物芽苞或树干上采集的树脂，将其混入其上颚腺、蜡腺的分泌物加工而成的一种具有芳香气味的胶状固体物，是蜜蜂修补蜂巢所分泌的黄褐色或黑褐色的黏性物质。未加工的蜂胶毛胶见图 3-1。

图 3-1　未加工的蜂胶毛胶（孟丽峰　摄）

蜂胶是蜜蜂用于维持整个群体健康的有效物质，一个 5 万 ~ 6 万只的蜂群一年只能生产蜂胶 70 ~ 110 克，所以蜂胶被誉为“紫色黄金”。

蜂胶为不透明固体，表面光滑或粗糙，折断面呈沙粒状，切面与大理石外形相似。呈黄褐色、棕褐色、灰褐色、灰绿色、暗绿色，极少数深似黑色。具有令人喜爱的特殊的芳香气味。味微苦，略带辛辣味，嚼之黏牙，用手搓捏能软化。温度低于15℃时变硬；36℃时质软，具有黏性和可塑性；温度达60℃变脆、易粉碎；70℃时熔化成为黏稠流体。比重随不同植物种类而异，一般在1.112～1.136。不溶于水，微溶于松节油，部分溶于乙醇，极易溶于乙醚和氯仿，溶于95%乙醇中呈透明的栗色，并有颗粒状沉淀。

蜂胶是一种极为稀少的天然资源，成分复杂，内含20大类共300余种营养成分。蜂胶的成分中，最具代表性的活性物质是黄酮类化合物中的槲皮素、萜类及有机酸中的咖啡酸苯乙酯等。

二、蜂胶的主要化学成分

天然蜂胶的基本成分一般是复合物39%～53%，多酚类12%～12%，多糖类2%～3%，蜂蜡19%～35%，杂质（含花粉等）8%～2%。各类蜂胶中已知的300余种化学成分中，主要包括高良姜素、乔松素等71种黄酮类化合物，肉桂酸、咖啡酸、阿魏酸等59种芳香酸与芳香酸酯类化合物，肉桂醇等24种酚类、醇类和17种醛类与酮类化合物，25种氨基酸，50种脂肪酸与脂肪酸酯，19种萜类化合物，6种甾体化合物，9种糖类化合物，25种烃类化合物等。同时，蜂胶中含有微量的B族维生素以及丰富的矿物质与微量元素。

我国蜂胶成分主要含有三类：黄酮类、酚酸类、酚酸酯类。蜂胶的成分中，最具代表性的活性物质是黄酮类化合物中的槲皮素、萜类及有机酸中的咖啡酸苯乙酯。槲皮素是很多中药材的有效成分，具有广泛的生理和药理作用。除槲皮素外，芦丁也是黄酮类化合物中的代表，有类似维生素P的作用。资料表明，槲皮素有扩张冠状血管、降低血脂、抗血小板凝聚等作用，与阿司匹林有协同作用，可抑制不同状态下的内皮细胞释放内皮素，以降低血管的紧张性，为防止血栓栓塞提供依据，多年来，临床主要用于毛细血管性止血药和辅助降压药。除黄酮类化合物外，蜂胶还有芳香挥发油，烯萜类化合物，有机酸类，黄烷醇类，醇、酚、醛、酮、酯、醚类化合物和多种氨基酸、脂肪酸、酶类、维生素、微量元素等。以下仅介绍几种具有代表性的成分。

（一）黄酮类

黄酮类化合物包括黄酮类、黄酮醇类和双氢黄酮类等，约占蜂胶的4.13%。而且5,7-二羟基-3,4-二甲基黄酮和5-羟基-4,7-二甲氧基双氢黄酮是自然界中蜂胶特有的有效成分。黄酮类化合物具有多方面的生理和药理作用，能帮助人体防治多种疾病，使机体各种功能正常化、增强化。蜂胶中的黄酮类化合物，品种之多、含量之高超过了一般的植物源药物。治疗冠心病有效的许多中草药都含有黄酮类化合物，而且具有活血化瘀作用的中药也多半含有黄酮类化合物。下面介绍蜂胶中两种很有特色的黄酮类化合物：

1. 槲皮素

槲皮素有扩张冠状血管、降低血脂、降血压、抗血小板聚集等作用（注：血小板聚集会妨碍血液的流通，以致容易引起心脏病、脑中风等心脑血管疾病），还具有止咳、祛痰、镇痛、抗病毒等作用。不仅对多种致癌物有抑制作用，而且还能抑制多种癌细胞的生长。比如已有试验表明，对卵巢癌细胞、结肠癌细胞、骨髓癌细胞、白血病细胞、乳腺癌细胞、淋巴瘤细胞的生长，都有抑制作用。所以说，蜂胶中的槲皮素也有抗肿瘤的作用。也就是说，蜂胶中的抗癌物质就不止一种，甚至各种抗癌物质之间可能有协同作用（注：1995 年，日本林原生物化学研究所研究发现，蜂胶原料中所含的抗肿瘤成分高达 5%）。

2. 芦丁

芦丁就是芸香甙（又称“紫槲皮素”），有类似维生素 P 的作用。既可以软化毛细血管、增强毛细血管的通透性，还能降低胆固醇，对防治心、脑血管硬化很有帮助。如 α – 蒎烯、3– 萜烯、α – 雪松烯、α – 依兰油烯、杜松烯、鲨烯、异长叶烯、石竹烯等。特此仅介绍两种萜类化合物：①双萜，具有抗菌和抑癌活性。②三萜，是人参有效成分的皂甙，具有多方面的生物活性。进一步研究表明蜂胶也有人参的一些主要作用。

黄酮类化合物的发现历史十分悠久。早在 20 世纪 30 年代初，欧洲一位药物化学家在研究柠檬皮的乙醇提取物时无意中得到一种白色结晶，将其命名为维生素 P。动物试验证实：维生素 P 的抗坏血作用是维生素 C 的 10 倍。2 年后，这位科学家进一步发现：维生素 P 实际上是一种由黄酮组成的混合物，而非单一物质，故后来有人将维生素 P 更名为柠檬素。据后人研究，柠檬素含多种黄酮物质，其主要组分为橙皮苷。这位最早发现黄酮类物质的科学家在8年后荣获诺贝尔化学奖。

（二）酚酸类

蜂胶中的酚酸类化合物分析程序包括提取、分离和定量。分析方法包括分光光度法、薄层色谱法（TLC）、气相色谱法（GC）、高效液相色谱法（HPLC）和毛细管电泳法（CE）等。目前已知的酚酸类化合物主要包括两类，即羟基苯甲酸类和羟基肉桂酸类。

1. 羟基苯甲酸类

羟基苯甲酸类化合物是由苯甲酸衍生而来的，结构上具有C6-C1特点。羟基苯甲酸的结构因芳香环上羟基以及甲基化的位置不同而异。植物中最常见的有四种：对羟基苯甲酸、香草酸、丁香酸和原儿茶酸。它们以游离形式，或与糖基和其他有机酸以共价结合，存在于细胞壁中（例如木质素）。没食子酸是以三羟基形式存在的羟基苯甲酸，单体可参与水解型五倍子单宁的形成。它的二聚体为鞣花酸，经缩合后形成鞣花酸单宁。

2. 羟基肉桂酸类

羟基肉桂酸是由肉桂酸衍生而来的，结构上具有C6-C3特点。植物中最常见的羟基肉桂酸分别是p-香豆酸、咖啡酸、阿魏酸和芥子酸。羟基肉桂酸多以结合态形式存在，植物组织中的酶可以将其水解为游离态。另外羟基肉桂酸可与奎宁酸、莽草酸以及酒石酸形成酯类化合物。

（三）酯类

酯类是由无机酸或有机酸与醇类进行酯化反应脱水缩合而形成，酯又可分为脂肪酯、芳香酯及环酯。醇或酚与酰卤或酸酐、醇与烯酮类、游离酸与脂肪族重氮衍生物反应也可生成酯。酯分子中 α－碳上的氢在碱性条件下与另一分子酯失去一分子醇，生成 β－酮酯。由于蜂胶中酚和酸的种类很多，所以它们对应的酯类的种类也比较多，其中一些具有重要生理功能。

咖啡酸苯乙酯（CAPE）是蜂胶中一种重要的物质成分，其二维和三维结构见图 3-2，近 10 年来一直是国内外研究的热点。CAPE 对肿瘤细胞具有特定的杀伤力，对恶性的病变组织有细胞毒性作用，表现出极强的抑制癌细胞作用。CAPE 还是一种强的抗氧化剂，清除活性氧化物质，还具有免疫调节及抗炎作用。

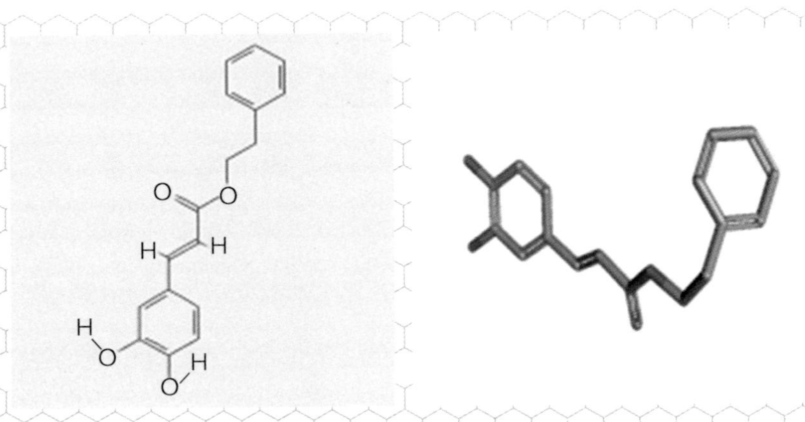

图 3-2　咖啡酸苯乙酯二维和三维结构

（四）其他类化合物

蜂胶中还含有大量的醇和酮类化合物，如桉叶醇、愈创木醇（黄兰醇）、苯乙醇、p– 甘油醛磷酸酯、松属素查耳酮、樱生素查耳酮等。烯、萜类化合物是构成蜂胶特殊芳香挥发油物质的主要成分。目前分离鉴定出的此类化合物有 19 种，包括倍半萜烯乙醇、倍半萜烯二醇、丁香烯、α – 愈创木烯、β – 芹子烯、β – 桉叶油醇、鲨烯等，脂肪酸与脂肪酸酯的种类达 50 多种，有肉豆蔻酸、棕榈酸乙酯、硬脂酸、丁二酸、富马酸、油酸、廿二烷酸、廿四烷酸、廿六烷酸、廿九烷酸、乙酸异丁酯十六烷酸、8– 十八碳烯酸、廿烷酸和廿八烷酸等。

醛的化学活性较强，能和多种化合物发生化学反应，如与醇反应生成缩醛或半缩醛；与羟胺和酰肼反应生成肟和腙。醛基还具有氧化和还原反应能力。高分子醛类可以和带有羟基的化合物反应生成缩醛或半缩醛，以醚键的形式将小分子化合物与高分子骨架结合，用来引入功能结构或者在有机合成反应中保护羟基。蜂胶中含有多种醛类，如香草醛、水杨酸、4–甲氧基肉桂酸。

已经鉴定的氨基酸有 25 个，包括丙氨酸、β – 丙氨酸、α – 氨酸丁酸、δ – 氨酸丁酸、精氨酸、天冬氨酸、胱氨酸、谷氨酸、甘氨酸、组氨酸、羟基脯氨酸、异亮氨酸、亮氨酸、赖氨酸、蛋氨酸、鸟氨酸、苯丙氨酸、脯氨酸、焦谷氨酸、肌氨酸、丝氨酸、苏氨酸、色氨酸、酪氨酸、缬氨酸。

经研究分析得知，生物体生存所必需的 38 种化学元素当中，蜂胶中含有 34 种之多。其中常量元素有氧、氢、碳、氮、钙、磷。蜂胶中生命必需微量元素含有铁、锰、钴、铜、钼、锌、氟，还有其他微量元素，如钾、钠、硫、氯、镁、铝、锶、硅、钛、锑、锆、钡、砷、镍、硒、镉等。

随着色谱、光谱等高效的分离分析技术的不断发展，不同地域的蜂胶中新的酚类化合物组成和结构逐渐被分析鉴定出来。分析鉴定出来的物质越来越多，我们需要深入研究各类物质的生理功能。

三、蜂胶的生物学功能和应用

蜂胶是自然界中总酚含量最多的天然产物之一，其含量高出蔬菜、水果、植物药材几万倍至几十万倍。它们作为蜂胶的主要活性成分发挥着重要的生理功效。近代研究，特别是近十年的研究证明，蜂胶所含有的丰富而独特的生物活性物质，使其具有抗菌、消炎、止痒、抗氧化、增强免疫、降血糖、降血脂、抗肿瘤等多种功能，对人体有着广泛的医疗、保健作用，是一种具有较高保健功能的产品。

（一）对病原微生物的抑制和杀灭

蜂胶中独特的黄酮类、萜烯类物质，对多种细菌、真菌、病毒和原生动物等有显著的抑制和杀灭作用。研究表明浓度为 100 微克 / 毫升的蜂胶乙醇浸出物，对供试的 39 种细菌中的 25 种有强烈的抑制作用，对 39 种植物真菌中的 20 种有抑制作用。其中对革兰阳性细菌和抗酸菌最为敏感。对人类常见的癣菌、絮状癣菌、红色癣菌、念珠菌、铁锈色小孢子菌、石膏样小孢子菌、羊毛状小孢子菌、大脑状癣菌、断发癣菌、紫色癣菌等都具有抑制作用。蜂胶乙醇浸提液对 A 型流感病毒有杀灭作用，对疱疹病毒有抑制作用，对牛痘病毒有减轻感染的作用。此外，对黄瓜花叶病毒、烟草斑点病毒、烟草坏死病毒等也都有杀灭作用。

蜂胶提取物对白喉杆菌、破伤风杆菌和水肿杆菌的外毒素有中和作用。

蜂胶提取液与抗生素合用，能大大地提高抗生素的活性和延长其作用。对原生动物阴道毛滴虫、禽毛滴虫有杀灭作用，对兰伯贾弟虫有抑制作用。

（二）增强免疫力

蜂胶是一种天然的高效免疫增强剂，能刺激机体的免疫机能，增强巨噬细胞的活力，提高机体免疫力。对预防感冒、癌症、衰老和消除老年斑、色素沉积有良好作用。蜂胶对感染性疾病的疗效，一方面是通过抑制致病微生物的生长和繁殖，另一方面是通过提高机体的抗病能力，而最后起到消灭病原体，使病痛痊愈的作用。有报道称，欧洲人秋后吞服蜂胶，借以增强机体的抗病力，能在冷天预防感冒。

（三）对心脑血管疾病的防治

蜂胶中的黄酮类物质，具有很好的活血化瘀、软化血管、降血脂、阻止血小板凝聚、改善微循环等作用。中国农科院蜜蜂研究所和中国中医研究院联合对蜂胶降血脂进行了研究，结果表明蜂胶有明显的降低血清甘油三酯、血液黏度、血浆黏度、红细胞压积、纤维蛋白质及血小板黏度聚积率等作用，从大多数指标上可观察到良好的量效关系。实验证明，降低血液黏度对预防血管硬化、血栓形成、心肌梗死有显著的作用。除了具有明显降低血清甘油三酯、血液黏度、血浆黏度的作用外，蜂胶中的多种活性物质还有清除血液中过多的活性氧和净化血液的作用，因此可预防心脑血管疾病的发生。

（四）抗氧化和防腐作用

蜂胶中的黄酮类、萜烯类等物质具有很强的抗氧化性能，同时还能显著地提高机体内具有消除自由基作用的超氧化物歧化酶（SOD）的活性。研究结果证明，蜂胶在 0.01% ~ 0.05%的相对浓度下，就有很强的抗氧化能力。因此，蜂胶是一种不可多得的天然抗氧化剂，是人类保持健康、延缓衰老的重要物质。蜂胶的乙醇提取物有抑制大肠杆菌的作用，蜂胶的食品安全性已经被认可,所以说蜂胶可能会成为一种有用的天然食品防腐剂。

（五）抗肿瘤作用

蜂胶中含有多种抗肿瘤的物质，如槲皮素，萜烯类化合物中的二萜类、三萜类化合物，都有很强的抗肿瘤作用。实验证明蜂胶能分解癌细胞周围的纤维蛋白，使癌细胞与营养物质分离，防止细胞癌变和癌细胞转移。日本癌学会等研究发现，食用蜂胶 3 个月到 1 年，患者的癌细胞都基本失去活性。因此蜂胶对肿瘤、息肉有很好的预防和治疗效果。另外，蜂胶还可减轻癌症患者经放疗和化疗所出现的各种副作用。因此可以作为一条新的癌症治疗途径。

（六）降血糖作用

动物实验证实，蜂胶醇提液和蜂胶水提液均能降低糖尿病 Sprague Dawley（SD）大鼠的空腹血糖、糖化血红蛋白和果糖胺水平，且对正常小鼠空腹血糖无影响。巴西蜂胶水溶性成分中的 3，4，5- 三 -O- 咖啡酰奎宁酸是麦芽糖酶的特异性抑制剂，起到了非竞争性抑制剂的作用，通过对代谢酶的抑制起到了调节糖代谢的作用。临床上蜂胶用于糖尿病的综合治疗也有报道。2 年的临床疗效观察发现，服蜂胶后空腹及餐后 2 小时血糖明显下降，原应用胰岛素治疗的患者服用蜂胶后均不同程度地减少了胰岛素的用量。

（七）促进组织再生

蜂胶能快速止血，加速伤口的愈合，对烧伤、烫伤、创伤等有明显的治疗作用。动物实验证实：用蜂胶治疗实验性深度烧伤，比常规药剂治疗愈合时间短，疗效好。蜂胶能加速损伤的软骨和骨的再生过程。此外，蜂胶对牙髓损伤有刺激再生的作用，促进循环障碍的排除，刺激牙髓内胶原纤维桥的形成。

（八）蜂胶的其他功能

蜂胶是天然美容物质，既可食用又可外用。食用蜂胶能全面调节器官功能，修复器官组织的病变损伤，消除炎症，促进组织再生，调节内分泌，改善血液循环状态，促进皮下组织血液循环，从而达到在全面改善体质的基础上，防治皮肤病变，分解色斑，减少皱纹，消除粉刺、青春痘、皮炎、湿疹，从体内创造美。

蜂胶制剂还用于口腔科、五官科疾病和人体创伤的迅速局部止痛，蜂胶具有局部麻醉作用。实验证明，用 4%蜂胶乙醇溶液加水稀释到 0. 25%的浓度，对家兔的麻醉效应可持续 1 小时，比普鲁卡因（局部麻醉剂）的作用强。实验还证明蜂胶与普鲁卡因有协同的作用。蜂胶中的松属素、桦球素和咖啡酸酯等的混合物，对机体也有较强的麻醉作用。

由于受蜜蜂采集蜂胶的习性所限，目前蜂胶的分类大多数还只能停留在区域的划分，从以往的研究可以看出，来自不同地区的蜂胶的生物活性成分和功能大不相同，所以我们需要尽快寻找一种方法来确定蜂胶的类型，并对其品质进行标准化，进一步弄清蜂胶复杂的生物活性机理。另外，蜂胶高产蜂种的培育和推广尚需进一步开展，无污染蜂胶高产采集、蜂胶的生产研制操作技术规程需要进行标准化，发展蜂胶产业在带动整个养蜂业发展的同时，蜂群数量和从业人员会由此而增加，由此技术人员的整体水平需要提高，进而推动所有蜂产品业的发展。

四、蜂胶生产加工工艺和技术

蜂胶的食用方法并不像服用其他蜂产品那么简便，必须经过提取过程，将有害物质剔除后方可应用，千万不可服用原蜂胶。直接服用原蜂胶或自行用白酒浸泡服用，虽也有一定的作用，却存在着潜在的负面影响，这是很危险的。蜂胶加工最为简便的就是用乙醇萃取、冷冻、粉碎等工艺。

（一）蜂胶生产

蜂胶一年四季都可进行生产，但主要产胶季节是夏、秋季。这与蜂群的群势、蜂种（中蜂不产蜂胶）、胶源植物（以杨树产胶多）等因素有关。目前蜂场采胶的方法是：检查蜂群时，从覆布、巢框、隔王笆及缝隙处，用刮刀取下，捏成团，用塑料袋包好，积少成多；或将覆布浸泡于乙醇中，提取其上的蜂胶。近年来，根据蜜蜂的采胶习性，研制了专门用于生产蜂胶的格栅采胶器和巢门采胶器，蜂胶的产量可成倍增加。

格栅式采胶器是由平行排列的木条组成的格栅，由两个可活动的部分组成，中间有一根轴连接使其一部分板条咬合在另一部分板条的缝中。纵向板条和横向板条的长度，取决于格栅式采胶器放在蜂箱中的位置。蜜蜂用蜂胶填满格栅的缝隙之后，取出格栅，刮取蜂胶。格栅式采胶器，制作简单，可以长期使用。巢门采胶器是在大流蜜季节使用的一种采胶工具。根据巢门的宽度和长度，用板条或竹条分隔出多个宽度为 3 ~ 5 毫米的缝隙（留出蜜蜂进出的巢门）。采胶时直接卡在巢门处，待蜜蜂把缝隙填满后，即可取下，刮下蜂胶。

生产蜂胶必须注意以下几点：①平时检查蜂群时，注意收集蜂胶，积少成多。②刮取蜂胶时，切忌把杂质、蜡质、蜂尸和木屑混入蜂胶，影响蜂胶的收购等级。③取得蜂胶后，一定要用塑料袋包好，放在阴凉处，不能放在日光下暴晒。④使用格栅式采胶器时，不能插在蜂群的巢脾中间。

（二）蜂胶提纯

刚收集精选过的蜂胶原块中含有大量杂质，需要处理后才能食用或者深加工，蜂胶粉末见图 3–3。基本程序：冷冻干燥→低温粉碎→溶于高纯度食用酒精→过滤去杂→蒸发浓缩→提纯。提纯工艺主要有：

图 3-3　蜂胶粉末（吴帆　摄）

1. 酒精萃取蜂胶

酒精萃取法是最初常用的加工蜂胶方式。因为蜂胶大部分的有效成分（如生物类黄酮）都是非水溶性的，必须借由酒精将其萃取出来。此方法所溶出的有效成分，是目前已知的萃取法中含量最多的，最高可达 60% ~ 70%，也因此市面上的蜂胶制品，以酒精萃取最为普遍。根据国家食品安全法规定，食品中的酒精含量不得高于 30%。

2. 丙二醇萃取法

目前，市场上一般标榜的不含酒精蜂胶，实际上是以丙二醇取代酒精来溶解蜂胶。丙二醇对蜂胶的溶解度比酒精差，目前最高可达 40%，因此丙二醇蜂胶液的有效成分量较低，但是萃取物不含酒精，酒精过敏者可以服用。丙二醇具有一定的黏稠性，所以其萃取的蜂胶黏稠度较高。

3. 超临界二氧化碳萃取法

将蜂胶原块与一定比例的食用酒精置于容器内经浸泡、搅拌、过滤杂质后即得到蜂胶液。将蜂胶原液与一定比例之食用酒精置于超临界液体萃取槽中，灌入高压液态二氧化碳，并设定特定萃取技术的条件，可以得到纯化萃取的蜂胶精华。

4. 其他萃取法

除了上述方法外，乙醇石油醚双相溶剂萃取法、氢氧化钠溶剂提取法、固相微萃取技术、常规或超声法蜂胶浸膏法等也被用来对蜂胶提纯萃取。

（三）蜂胶深加工

由于蜂胶的理化性质较为特殊，在加工成制剂时剂型的选择方案相对较少。目前，市场上蜂胶制剂主要有胶囊剂（硬胶囊和软胶囊）、酊剂、口服液、片剂、乳剂等。蜂胶不溶于水，且在常温下黏度较大不易加工，因此一般将蜂胶溶于高纯度酒精制成蜂胶酊剂和蜂胶口服液，或加入乳化剂使蜂胶乳化后悬浮于溶液中，或加入大量淀粉等辅料制成蜂胶粉，再压制成片或灌装成硬胶囊。因为有些人不能服用含有酒精类的产品，而且也有专家指出长期服用乳化剂对身体无益，淀粉类辅料虽然对患者无害，但因淀粉类辅料吸收蜂胶的量较小，为了达到功效作用，势必要增大产品的服用量。

1. 蜂胶软胶囊

蜂胶软胶囊是最常见的蜂胶产品，是将纯蜂胶和载体混合，然后填充到软胶囊中的一种产品，与其他剂型产品相比，具有生物利用率高、密封性好、含量准确、外形美观等特点。蜂胶软胶囊配方一般为：

提纯蜂胶　50%	甘油　30%
吐温 −80　20%	

生产流程为：甘油、水＋明胶→化胶→加入醇提蜂胶、蜂蜡、菜籽油→配料→压丸、定型→洗丸→干燥→拣丸→内包装→外包装。具体如下：

第一，将蜂胶原料剔除杂质，经冷冻后粉碎，粉碎后经40目过滤后，放置于提取罐内进行常温醇提，乙醇体积分数为95%。将常温醇提后的上清液进行过滤，过滤目数为100目。将过滤后的上清液输入多功能提取罐内，先将罐内的上清液加热至70℃，开启真空，真空度为0.07兆帕。乙醇蒸发后，得到提取后的黑色黏稠状蜂胶浸膏，经冷却后再用球磨机进行研磨得到蜂胶。

第二，对提取后的蜂胶进行粉碎，将蜂胶与菜籽油按照质量比1∶1.7、蜂蜡用量占内容物5.0%的配比进行配料。具体方法是先将配料中的菜籽油、蜂蜡投入配料罐，进行加热混合，使配料罐的温度保持在70℃，待蜂蜡完全溶解后，停止加热，开启冷却水对配料罐内的物料进行冷却，使配料罐内的物料温度降至40℃以内；再将配料中的蜂胶投入配料罐内，开启配料罐搅拌器，将搅拌速度调节为1～1.5转/分，连续搅拌40～60分，使得物料混匀。

第三，将甘油、明胶、水按照质量比0.35∶1∶1加入化胶罐中，开启搅拌器，将搅拌速度调节为1～1.5转/分，连续搅拌1～1.5小时，使得物料混匀。关闭进料口，开启化胶罐放气阀并开大蒸汽阀，保持溶胶罐内的温度在60～85℃，保持时间20～30分。之后，开大蒸汽阀，开启真空，真空度保持0.07兆帕以下，保持20～30分后，观察胶液内有无气泡，若无气泡出现，继续保持真空10～15分即可。抽取样品进行水分检测，当水分达到30%～35%时，将物料输出。

第四，压丸间保持室温 18 ~ 26℃，相对湿度 40% ~ 55%。调节胶液温度为 50 ~ 60℃、展布箱温度为 55 ~ 65℃，同时监测胶皮厚度和均匀度，将丸质量调整为 700 ~ 720 毫克，方可正式生产。定型转笼转速调整为 8 转 / 分，风量在 2 000 ~ 3 000 米^3，定型时间应在 2 ~ 3 小时。

第五，采用 95%酒精清洗定型后的胶丸，使胶丸表面洁净无油迹。清洗后，放入干燥间干燥，保持干燥间室温 20 ~ 35℃，相对湿度 40%以下。干燥后，置于灯下检查，拣去异形丸、大小丸、气泡丸、漏油丸等，以便进行后续包装。蜂胶软胶囊成品见图 3–4。

图 3–4　蜂胶软胶囊成品（吴帆　摄）

2. 蜂胶口服液

口服液是将原材料加入水或其他溶剂，采用适宜的方法提取，经浓缩制成的内服液体剂型。在口服液制剂工艺要求下，蜂胶口服液生产设备包括洗瓶机、隧道烘箱、灌轧机、铝盖消毒柜以及双扉灭菌柜等。其特点是：①能浸出原材料中的多种有效成分。②吸收快，显效迅速。③能大批量生产，免去临用煎药的麻烦，应用方便。④服用量减小，便于携带、保存和服用。

⑤多在液体中加入矫味剂，口感好，易为人们所接受。⑥成品经灭菌处理，密封包装，质量稳定，不易变质。

口服液制剂生产线主要设备的来源有两类：一类是从抗生素瓶粉针生产线设备演变而来，只是把分装头改为液体蠕动泵和取消盖胶塞工位而已，同时把轧盖部分与灌装合二为一；另一类是借鉴安瓿洗烘灌封联动机组及糖浆剂设备演变而来，只是把拉丝封口改为轧盖机构或借鉴糖浆剂设备而已，同时增加了轧盖部分。

蜂胶口服液（图 3–5）的制作方法一般分为浸提、净化、浓缩、分装、灭菌等工艺过程。

图 3–5　未分装的蜂胶口服液

（1）浸提　将原材料洗净，加工成片、段或粗粉。一般是按汤剂的煎煮方法进行浸提，由于一次投料量较多，故煎煮时间每次为 1 ~ 2 小时，取汁留渣，再进行煎煮，如此反复 3 次，合并汁液，滤过备用。

（2）净化　为了减少口服液中的沉淀，需采用净化处理，过去多采用水提醇沉静化处理，目前采用酶处理法较好，可降低成本，提高质量。

（3）浓缩　滤过后的提取液再进行适当浓缩。其浓缩程度，一般以每天服用量在 30 ～ 60 毫升为宜。口服液可根据需要选择添加矫味剂和防腐剂。常用的矫味剂有蜂蜜、单糖浆、甘草酸和甜菊苷等；防腐剂有山梨酸、苯甲酸和丙酸等。

（4）分装　在分装前，液体中加入了一定剂量的矫味剂、防腐剂，搅拌均匀后，可进行粗滤、精滤，装入无菌、洁净、干燥的指形管或适宜的容器中，密封。

（5）灭菌　分装后，采用多种灭菌法（如煮沸法、蒸汽法、热压法等）进行灭菌。

口服液的质量检查可按以下项目进行：外观检查（包括澄明度检查）、装置差异检查、卫生学检查、定性鉴别、有效成分含量的测定、相对密度测定等，这些项目的检查，基本上能有效地控制口服液的质量。

3. 蜂胶凝胶糖

蜂胶虽然富含多种生物活性成分，具有天然的芳香味，但色泽呈棕黄或棕褐，味苦涩，口感差，因此开发感官质量好、具有保健功能的蜂胶产品势在必行。将蜂胶和其他物质复合是改善口感、开发利用蜂胶的一条有效途径，比如蜂胶凝胶糖。

材料包括精制蜂胶、明胶、琼脂、木糖醇、山梨糖醇、柠檬酸。使用的仪器有电热恒温水浴锅、干燥箱、天平等。

生产流程：明胶、琼脂加工木糖醇、山梨糖醇→融化混合→加入蜂胶和柠檬酸→熬煮→冷却→浇注→成形→脱模→干燥→成品。

（1）溶胶、溶糖　将明胶、琼脂混合，并加水溶胀，加入的水量为上述物料质量的 2 ~ 4 倍，放置 1 ~ 2 小时，待其充分溶胀后，即为混合胶溶液。同时，将预先称量好的木糖醇、山梨糖醇与适量水混合，即为甜味剂溶液。

（2）混合与熬煮　将混合胶溶液与甜味剂溶液相混合，用 80 ~ 90℃水浴加热，搅拌均匀，再加入精制蜂胶，混合均匀后进行常压熬煮，熬煮至物料含水量为 25% ~ 40%时，停止加热，待物料冷却至 75℃左右，加入柠檬酸，继续搅拌片刻后停止。

（3）凝胶、成形　将以上物料倒入模具中成形，自然冷却凝结后即可脱模。

（4）干燥　将成品置入 40 ~ 45℃烘箱中烘干，干燥时间 6 ~ 12 小时，含水量控制在 12% ~ 22%即完成。

4. 蜂胶软膏

蜂胶软膏剂是指用适宜的基质加入蜂胶，研匀，制成容易涂布的一种外用型半固体制剂，性质柔软，呈凝固状态。软膏属于含黏稠性分散剂的物质。按照作用性质可分为三类：表皮软膏、皮内软膏和皮下软膏。常用于软膏的基质有五大类：脂肪类（精制羊脂、鱼肝油等）、类脂类（蜂蜡、鲸蜡等）、烃类（凡士林、石蜡等）、乳型基质和水溶性基质。

以蜂胶乳膏为例说明，其配方成分为：

提纯蜂胶　10 克	十八醇　7 克
吐温 -80　4 克	斯盘 -40　1 克
硬脂酸　12 克	白凡士林　10 克
甘油　8 克	蒸馏水　48 毫升

制备方法：将甘油、蒸馏水、吐温 -80 放入容器中，再将硬脂酸、十八醇、白凡士林、斯盘 -40 放入另一容器中，然后将两个容器同时置于水浴锅上加热至 80℃，顺时针搅拌后，将两个容器混合，混匀，冷却后制成乳膏基质。把蜂胶与部分吐温 -80 混合后，再与基质混合，搅拌，即成为蜂胶乳膏。

5. 日用化妆品

蜂胶是天然的防腐抗氧化、止痒、除臭剂，可以清除体内自由基，减少过氧化脂质的形成，促进微循环，有利于消除体表的皱纹，减缓皮肤的衰老进程，保护和滋润皮肤，因此可作为护肤霜、沐浴液、发胶、肥皂、牙膏等日用化妆品的原料。

（1）蜂胶护肤霜

A 组分	羊毛醇　5.0%	鲸蜡　5.0%
	白蜂蜡　10.0%	18 号白油　27.0%
B 组分	硼砂　0.5%	去离子水　50.5%
C 组分	提纯蜂胶　2.0%	香精适量

将油相 A 组分加热至 85℃，水相 B 组分加热至 90℃，灭菌 20 分，冷却至 85℃。水相物加入油相物中进行乳化搅拌，冷却至 50℃时加入 C 组分，40℃时加入香精，35℃停止搅拌，经分析合格后进行包装。

（2）蜂胶沐浴露

水貂油　2.4 克	三乙醇胺　0.7 ~ 0.9 克
羊毛脂　2 ~ 4 克	二乙烯醇硬脂酸酯　2.4 克
蜂胶乙醇提取物　1.3 克	甘菊油　1 ~ 2 克

甘油　1.3克	对羟基苯甲酸甲酯　0.1～0.3克
麦胚油　1～3克	香料　0.4～0.6克
甘油三硬脂酸酯　1.3克	去离子水加至100克

按照配方量，将经过脱臭的水貉油和羊毛脂、二乙烯醇硬脂酸酯、甘油三硬脂酸酯、对羟基苯甲酸甲酯加入带有加热蒸汽管和搅拌器的搪瓷反应器内，加热至80～85℃，搅拌，使原料完全融化并混合均匀。将水、甘油、对羟基苯甲酸甲酯、三乙醇胺加热至80～85℃，然后将上述油相转移到此反应器内，在65～70℃乳化10～15分，将温度降至60℃，边搅拌边加入麦胚油、甘菊油和蜂胶乙醇提取物，继续乳化30分。再将反应器的温度降至30～40℃，加入香料，搅拌，冷却至室温。取出物料，送入包装车间，静置24小时后，分装为成品。

五、我国蜂胶产业现状及相关标准

（一）蜂胶行业现状

蜂胶以其多种保健和治疗各种疾病的功能，越来越备受关注。从国内外市场潜力看中国蜂胶产业的发展，蜂产品作为食品、保健品、药品的重要原料，在未来世界有广阔的市场。目前，其中，国内这些蜂胶资源转化为产品，年产值可达几十亿元，纯利润至少也有几亿元。而我国每年蜂产品产量的一大半用于出口（包括原料及加工成品）。目前，我们国家早已成为世界上蜂胶生产量最多、出口量最大的国家。但是因为我国蜂胶市场的开发刚刚起步，蜂胶产品消费水平目前还很低，每人每年蜂胶的消费几乎为零。中国的蜂胶产业又是一个冗长的产业链，即养蜂户→合作社→蜂产品经纪人→蜂产品原料集散地→蜂产品加工企业→蜂产品贴牌企业→分销商→消费者。因此，从资源到产业组织的现状决定了蜂胶消费不可能是普通的消费。

虽有少量蜂胶产品在国内上市，但由于宣传力度不够，蜂胶制品在国内还没有形成消费市场。此外，蜂胶制品的价格尚居高不下，根据我国目前消费水平来看，很难被更广大消费者所接受。因此加强对蜂胶制品技术研发的投入，降低生产成本，完善蜂胶制品质量保证体系，加大对其功能的宣传，将推动整个蜂胶行业的发展。

蜂胶产品的热销基于其保健和治疗的有效性，但是，近年有些消费者反映蜂胶的效果不明显，或者感觉效果不如以前，这说明肯定有人吃到了假冒蜂胶。我国年产蜂胶原胶 500 吨左右，但是市面上流通的蜂胶产品远远超过这个数量（超过 1 000 吨），其中不乏假冒蜂胶产品。这些假冒蜂胶产品中除了不含“蜂胶”外，最为突出的就是含有用杨树芽熬制的业内所谓的“杨树胶”。不含蜂胶的“蜂胶产品”容易鉴别，一来肯定不会有卫生部和国家食品药品监督管理局的保健食品批文，二来通过仪器检测肯定会使它原形毕露。但是，用“杨树胶”制造的假蜂胶产品就不太容易被鉴别了，由于“杨树胶”很大一部分成分与真蜂胶相同，味道、颜色相近，普通消费者根本无法辨别，这也给“杨树胶”混入市场打开了方便之门。

真假蜂胶辨别方法

一是看颜色：看蜂胶的颜色，一般而言颜色金黄透亮的蜂胶为优质，同时也要注意其中黄酮的含量。很多厂家为了保证蜂胶的成色会加入一些黄酮，这些黄酮往往是合成的，当然不如天然的好。只要黄酮含量不低于 1.5 毫克 /100 毫升均属纯正蜂胶。

二是试口感：选购时，可以要求售货员当面进行稀释冲饮试验。用温开水稀释冲饮时，纯正的蜂胶应有特殊的清香气味，而口感微麻辣涩苦。

三是选功效：蜂胶的主要保健功能为免疫调节、改善睡眠、调节血脂血糖等，要注意鉴别厂家夸大的宣传功能。

近年来，多种先进技术用于蜂胶真假的检测，但真正达到准确的定量分析，还需要做大量的基础工作。

低价蜂胶产品，加上过长的产业链，导致没有空间用于产业的技术创新，蜂蜂胶产业的升级有赖于诸多关键领域的研究发现和技术创新。当前急需关注的领域包括不同地区与胶源植物蜂胶的成分和生物学作用的差异研究、蜂胶清洁生产的规范、蜂胶提取的工艺创新、蜂胶产品的标准化、蜂胶功能因子与蜂胶衍生产品的开发、蜂胶生物学作用的新发现等。再现蜂胶的力量、重建蜂胶产品是高端甚至奢侈健康品的认知，唯有研究与创新！

现有的蜂胶产品以黄酮含量作为功效成分标示于外包装上。一些厂家就把黄酮含量的高低作为打击竞争品牌的武器。其实，蜂胶的治疗保健作用来自蜂胶里300多种有效成分的协同作用，并不单单是黄酮在起作用，如果只是黄酮在起作用的话，自然界比蜂胶中黄酮含量高的植物多得是，何必吃蜂胶呢？况且蜂胶中的黄酮含量有其合理的范围，虽然这都是业内熟知的情况，但在利益驱动下，这些年新的蜂胶类产品中的黄酮含量还在不断攀升，有的甚至超过了10%。还有一个出于商业目的的误导宣传，就是"二氧化碳超临界萃取蜂胶"，本来一个并不先进的老技术，被个别企业吹嘘为"从日本引进的蜂胶顶端提取技术"来忽悠我国的消费者，想起来也是一种悲哀。反思"黄酮之争"和"超临界蜂胶"，与我们缺乏对蜂胶细致、深入的研究有很大的关系，国外研究工作已经细致到蜂胶中哪种成分针对哪种病症起作用，国内的研究却还停留在黄酮类、萜烯类等"大类"成分上面，不仅落后于国际同行，也不能解决业内面临的现实问题。

目前市场上的蜂胶多是黑色，这是生产过程中使用聚乙二醇做辅剂的结果，少数是使用橄榄油、色拉油等植物油做辅剂的棕黄色的软胶囊。蜂胶"黑黄"之争的焦点在于：受聚乙二醇生产工艺的限制，使用聚乙二醇做辅剂的蜂胶软胶囊中不可避免地会带入二苷醇。另外，在加工软胶囊的过程中，使用聚乙二醇还可能产生乙二醇，摄入的二苷醇和乙二醇一旦超标，就会对人体产生伤害。黄蜂胶因为不使用聚乙二醇，所以不存在这个隐患。那么到底黑蜂胶中二苷醇和乙二醇的含量达到了多少？长期服用会不会产生危害？有没有必要在蜂胶标准中增加这项检测指标？由于缺乏权威机构必要的研究和数据支持，虽然黄蜂胶代表了人们追求天然和健康的方向，但暂时还不能对黑蜂胶的危害性妄下结论。本着对消费者负责的态度，本着行业健康发展的要求，需要对上述问题进行深入研究。

（二）我国蜂胶生产存在的问题和应对措施

蜂胶产业链中的价值链分配、顾客价值导向和品牌战略是蜂胶产业升级的关键。在蜂胶（包括其他蜂产品）产业链中保护蜂农的利益才能保证原料的品质；保护加工企业的利益才能保证产品品质，为创新提供可能；保护消费者的利益，发掘蜂胶产业多重的价值，才能实现产业的永续发展，实现蜂胶产业的真正价值。而在蜂胶产品升级过程中，适度提高产业集中度，积极培育龙头企业，才能集中创新资源，培育品牌，从而带动整个产业的转型升级。目前，我国蜂胶生产中还存在一系列问题。

1. 蜂胶原料生产方式落后，杂质过多，掺假严重

我国大多数蜂农还是以传统的采集方法来生产蜂胶，采用副盖和蜂框的办法集胶，副盖是以金属丝网材料为主。由于蜂胶对金属具有腐蚀性，重金属很容易混入蜂胶，影响蜂胶的安全指标。另外，蜂胶掺假也很严重。每年全国蜂产品信息交流大会上，各家宣传的蜂胶产量的总和是我国蜂胶实际总产量的几倍甚至十几倍，没有那么多的蜂胶原料，哪来那么多的蜂胶制品？

应对措施：①摒弃金属副盖采集蜂胶，大力推广使用无污染的多种材料集胶器，并增加覆布蜂胶的生产。②生产单位在采购蜂胶原料时，要把进货关，对于掺假造假的原料一定要拒收，不给造假者提供销售市场。同时，要敢于向有关部门举报造假企业，使其无法生存，净化蜂胶原料市场。

2. 蜂胶产品加工条件简陋，粗制滥造，存在食品安全隐患

据了解，目前国内生产加工蜂胶产品的企业很多，但大多规模小，生产条件简陋，缺乏必要的加工和检验设备，不具备生产保健食品的基本要求。有些企业的产品粗制滥造，有的企业的产品造假掺假，存在着食品安全隐患。

应对措施：①不具备生产保健品条件的企业应立即停止生产。由于蜂胶已被卫生部、国家食品药品管理总局列入保健食品的管理范畴，必须获得保健食品批号才能上市。按保健食品生产的管理办法，必须具备 GMP 生产条件，由食品药品管理局发给卫生许可证后方可生产；不具备条件的企业，将按无证生产进行处罚。②积极改善生产条件，尽快达到国家生产保健食品的要求。企业生产条件通过改造和完善，才能够保证产品质量和功效具有可靠性。

3. 蜂胶产品的研发水平较低

由于蜂胶易溶于乙醇，难溶于水，所以将蜂胶制成醇溶的蜂胶液产品是比较容易的。但此种制品服用不方便，而且用醇溶性蜂胶无法生产蜂胶软胶囊和一些蜂胶日化产品。为了加大蜂胶溶解度，有些企业使用了强碱，并且超标准大量使用助溶剂。还有的企业在蜂胶制品中加入化学药品，强化其疗效，应当予以制止。

应对措施：①投机取巧和用土法生产蜂胶产品的行为，应立即停止。对于没有经过科学试验或试验数据不准确，食品安全没保证，产品质量不稳定，生产技术不过关的蜂胶产品不应再生产。保健食品审评程序中所规定的产品配方、工艺审定和安全性毒理试验等，是保证产品质量与安全的

重要措施。②生产规模较大的企业应加大科研方面的投入。招收食品科研人才，增加科研设备。在确保食品安全的前提下，开发出更多不同功效的蜂胶制品。生产规模较小的企业采取联合研制、委托研制和购买专有技术、专利产品等办法，增加新产品。

4. 急需制定和出台蜂胶产品质量标准

目前，我国蜂胶标准只有原料的标准，随着蜂胶产业的不断发展，产品品种不断增加，蜂胶的原料标准已远远不能满足规范当前蜂胶产品市场的要求，无法判定蜂胶产品的真实属性，也没有质量指标用于判定蜂胶产品的优劣，检测手段不完善，检测方法不统一，仅黄酮的检测方法就有四五种之多。蜂胶产品标准严重滞后，不利于整顿蜂胶产品市场和监控蜂胶产品的质量。

应对措施：①针对上述情况尽快制定和出台国家蜂胶标准，最好也像蜂蜜、蜂王浆一样，有国家强制性标准。②发挥中国蜂协集体作战的优势，调动各方面积极性，集思广益，使蜂胶标准的适用更全面，分型更准确，检测检验方法更加科学。

5. 蜂胶产品销售市场混乱无序，恶性竞争，夸大宣传

目前，有些蜂胶产品生产企业把产品说成是包治百病的灵丹妙药。主要表现为：一是标榜自己的蜂胶产品黄酮含量极高；二是夸口自己的企业解决了所谓的“世界性难题”“脱铅技术独有”；三是过分宣传水溶性的蜂胶产品好于醇溶性的蜂胶产品；四是鼓吹超临界萃取技术效果好，用普通提取方法的蜂胶产品有毒，不能吃；五是编造玻璃瓶包装比塑料瓶要好的谎言；六是根据不足地把国家批准可以在蜂胶产品中使用的聚乙二醇等

说成是对人体危害严重的物质；七是随意划分产品代数和蜂胶产品的类型，把自己的产品说成最新型和代数最高的产品，误导消费者，扰乱了蜂胶市场的秩序。在蜂胶产品销售市场打价格战，有些蜂胶生产企业为了增加蜂胶产品销售量，降低产品标准，甚至掺杂掺假，竞相降价，严重地破坏了正常的蜂胶产品价格体系。一些企业把蜂产品博览会作为推销假冒伪劣产品的平台，应引起中国养蜂学会和中国蜂产品协会的高度重视。

应对措施：①中国养蜂学会和中国蜂产品协会要通过行业自律，规范会员单位的行为。对有意抬高自己、打击别人的不当行为，要提出批评，予以制止。对不听劝告、屡教不改的企业或个人应采取组织手段取消其会员资格，在业内通报，并向国家有关部门反映，请求查处。②中国蜂产品协会和中国养蜂学会应保持与有影响力的媒体的沟通，正面、科学、客观地宣传蜂产品的行业情况和蜂胶的知识，使消费者真正了解蜂胶的保健作用和消费常识。③企业在宣传蜂胶产品时，应正确指导消费者根据自己的实际情况，选择适合自己的产品，把各种产品的不同点和相同点告诉消费者，不应在一些具体指标、工艺、剂型上误导消费者。应在品牌宣传和为消费者服务上下功夫，不要贬低同行。只有这样才能扩大蜂胶产品的消费市场，企业才能从中获得较多的市场份额；反之，全国的蜂胶市场乱了，失去了消费者的信任，所有生产经营企业都会受到影响。④中国养蜂学会和中国蜂产品协会作为每年全国蜂产品市场交流大会的主办单位，应对举办蜂产品博览会采取切实可行、有力有效的措施，制止恶性竞争、大打价格战和一些假冒伪劣蜂产品参展。

蜂胶产品是蜂产品中的高附加值产品，也是蜂产品企业的利润来源。

蜂产品企业的迅速发展带动了我国养蜂业的快速发展，蜂胶市场一旦遭到破坏，不仅影响蜂产品企业的发展与生存，也影响广大蜂农的切身利益。企业发展需要一个公平的、健康的竞争环境；消费者希望以上问题能有一个公正的、科学的、权威的结论。既不能让假冒伪劣蜂胶产品长期占据市场，危害消费者，也不能让虚假宣传蒙骗消费者，更不能让蜂胶这种世界公认的保健佳品因为不当的加工方法给消费者带来损失和伤害。解决这些问题，亟待用科学的方法去实验，用大量的数据来获得结论，需要继续踏踏实实地做更深入的研究工作。我们希望中国的蜂胶市场未来会更好。

（三）我国蜂胶行业标准

蜂胶的应用研究在我国开始于20世纪50年代，经过80年代的系统基础研究后，从90年代开始，蜂胶产品的发展取得了长足的进步，到目前为止，国家食品药品监督管理局已经批准的蜂胶类保健品达到了200个左右。但是相应的蜂胶行业标准出台得比较晚。我国最早的蜂胶标准是SB/T 10096—1992《蜂胶》（表3-1），对蜂胶进行了初步的等级划分，根据原胶的颜色、结构、95%乙醇中提取物含量、杂质和蜂蜡含量高低分为优等品、一等品、合格品三种等级，并对状态、气味、硬度、碘值（大于等于35%）、氧化时间（小于等于22秒）、酚类化合物含量（大于等于12%）、黄酮类化合物定性反应（阳性反应）都做了规定。

表 3-1　蜂胶行业标准（SB/T 10096—1992）

<table>
<tr><th colspan="2">项目 \ 等级</th><th>优等品</th><th>一等品</th><th>合格品</th></tr>
<tr><td rowspan="5">感官和组织状态</td><td>状态</td><td colspan="3">呈不透明固体团块状或碎渣状</td></tr>
<tr><td>颜色</td><td>棕黄、棕红，有光泽</td><td>棕褐带青绿色，光泽较差</td><td>灰褐色，无光泽</td></tr>
<tr><td>气味</td><td colspan="3">有芳香气味，燃烧时有树脂乳香气，口尝味苦，略带辛辣味</td></tr>
<tr><td>结构</td><td>断面结构紧密，呈黑大理石花纹状</td><td>断面结构密实不一，呈沙粒状</td><td>断面结构粗糙，有明显的杂质</td></tr>
<tr><td>硬度</td><td colspan="3">20 ~ 40℃，胶块变软，有黏性，20℃以下胶块变硬、脆</td></tr>
<tr><td rowspan="6">理化性质</td><td>乙醇提取物含量(%)</td><td>≥ 75</td><td>≥ 65</td><td>≥ 55</td></tr>
<tr><td>杂质和蜂蜡含量(%)</td><td>≤ 25</td><td>≤ 35</td><td>≤ 45</td></tr>
<tr><td>碘值(%)</td><td colspan="3">≥ 35</td></tr>
<tr><td>氧化时间（秒）</td><td colspan="3">≤ 22</td></tr>
<tr><td>酚类化合物含量(%)</td><td colspan="3">≥ 12</td></tr>
<tr><td>黄酮类化合物定性反应</td><td colspan="3">阳性反应</td></tr>
</table>

原蜂胶行业标准仅适用于蜂胶原料（俗称毛胶），对生产厂家仅仅具有一定的指导意义，且与消费者相关的蜂胶产品标准也不完善，这也是导致蜂胶产品参差不齐的一大原因。也就是说，该标准只针对蜂农，对蜂胶提取的生产加工环节无法控制。毛胶不能直接生产蜂胶产品，蜂胶产品须

以蜂胶乙醇提取物为原料。这些标准还存在两方面的缺陷：一是没有系统的真假蜂胶鉴别方法；二是在蜂胶主要的理化指标中均以总黄酮量为指标，并且测定总黄酮的方法标准不一。

随着蜂胶市场的发展变化，该标准部分内容和权威性已不适用现实情况。如今，蜂胶产品市场已形成跨行业的大市场。同时，人们对蜂胶的认识不断深入，对各种蜂胶产品的质量要求也越来越高。有必要出台适用性、权威性更强的国家标准，新标准的实施有利于从源头上确保蜂胶产品质量和安全性。

表 3-2　蜂胶及蜂胶乙醇提取物行业标准（GB/T 24283—2009）

<table>
<tr><th colspan="2">项目＼样品</th><th colspan="2">蜂胶</th><th colspan="2">蜂胶乙醇提取物</th></tr>
<tr><td rowspan="5">感官要求</td><td></td><td>一等品</td><td>二等品</td><td>一等品</td><td>二等品</td></tr>
<tr><td>色泽</td><td colspan="2">棕黄色、棕红色、褐色、黄褐色、灰褐色、青绿色、灰黑色等，有光泽</td><td colspan="2">棕色、褐色、黑褐色，有光泽</td></tr>
<tr><td>状态</td><td colspan="2">团块或碎渣状，不透明，约30℃以上随温度升高逐渐变软，且有黏性</td><td colspan="2">固体状，约 30℃以上随温度升高逐渐变软，且有黏性</td></tr>
<tr><td>气味</td><td colspan="4">有蜂胶所特有的芳香气味，燃烧时有树脂香气，无异味</td></tr>
<tr><td>滋味</td><td colspan="4">微苦，褐色、黑褐色，有光泽</td></tr>
<tr><td rowspan="3">理化性质</td><td>乙醇提取物含量（克 /100 克）</td><td>≥ 60</td><td>≥ 40</td><td colspan="2">≥ 95</td></tr>
<tr><td>总黄酮（克 / 100 克）</td><td>≥ 15</td><td>≥ 8</td><td>≥ 20</td><td>≥ 17</td></tr>
<tr><td>氧化时间（秒）</td><td colspan="4">≤ 22</td></tr>
</table>

2009年，我国出台了关于蜂胶的新标准GB/T 24283—2009（表3–2）。新标准将蜂胶乙醇提取物纳入适用对象，而且量化了各种指标，明确规定了蜂胶总黄酮含量指标，即原料蜂胶总黄酮含量分别为一等品≥15%，二等品≥8%；蜂胶乙醇提取物总黄酮含量一等品≥20%，二等品≥17%。目前限于鉴别真假蜂胶的方法尚不成熟，但蜂胶市场真假问题又比较突出，本着有要求总比没有要求好，先起步、再完善的思路，新标准提出了蜂胶真实性的基本要求，即“不得加入任何树脂和其他矿物、生物或其提取物质”和“非蜜蜂采集，人工加工而成的任何树脂胶状物不应称之为蜂胶”，对掺杂掺假者提出告诫，也为有关部门通过感官方法鉴别真假蜂胶提供监管依据。

综上所述，虽然蜂胶产业发展过程中存在着许多问题，但只要大家共同努力，从整个蜂胶产业的健康发展大局出发，拒绝掺杂掺假，改善生产条件，重视科研投入，规范营销行为，加强行业自律，才能有效地促进蜂胶产业健康有序地发展。

专题四

蜂花粉产品的加工技术

作为植物精华的花粉，早在 2 000 多年以前，就被我们祖先认识和利用，被誉为“全能的营养食品”和“浓缩的天然药库”。科研工作者也一直在探索花粉的活性成分和神奇功效。本专题详细介绍了蜂花粉的化学成分、生理功能以及蜂花粉相关产品的加工技术，同时也简单介绍了我国蜂花粉产品加工行业现状及相关质量标准。

一、蜂花粉简介

蜜蜂在采蜜时，携粉足会收集花粉，形成花粉团。在进入蜂巢后，花粉团会被储藏起来，在蜂巢内经过储藏和发酵后形成花粉。蜂花粉是有花植物雄蕊中的雄性生殖细胞，它不仅携带着生命的遗传信息，而且包含着孕育新生命所必需的全部营养物质，是植物传宗接代的根本，热能的源泉。蜂花粉来源于大自然，蜜蜂从显花植物（蜜源植物和花粉源植物）花蕊内采集，并加入特殊的腺体分泌物（花蜜和唾液）混合而成。蜂花粉具有独特的天然保健作用与医疗及美容价值，被越来越多的人所认识，是一种高蛋白低脂肪营养保健食品，是人类天然食品中的瑰宝。蜜蜂采集的荷花花粉见图 4–1。

图 4–1　蜜蜂采集的荷花花粉（张旭凤　摄）

常见的新鲜花粉呈“西米”大小，其实是由成千上万的花粉粒组成的花粉球。每一粒花粉是很微小的，肉眼无法看见，要借助电子显微镜才能见其轮廓。不同的植物，其花粉的大小和形状都不相同，因此，蜜蜂采集的花粉可以用来鉴定植物的种类。多数花粉呈网球状、长圆球状和不规则状等。在显微镜下，同一粒花粉可看到两个形态不同的面，叫赤道面和极面。花粉粒的表面是不平滑的，有的凸起叫脊，有的凹陷叫沟，还分布有一些孔状下陷，叫萌发孔，花粉管就是从萌发孔外突萌发的。花粉粒的外面是一层坚硬的外壁，叫花粉壁；内部是含有各种营养物质和生殖细胞的内含物。内含物与花粉壁之间由一膜状物隔开。一般花粉直径为2.5～3.5毫米，每个干重10毫克左右，含水量在8%以下。比较好的蜂花粉团粒齐整、品种纯正、颜色一致，无杂质、无异味、无霉变、无虫迹，比较坚硬。新鲜蜂花粉具有特殊的辛香气味，但味道也各有不同，有的味道稍甜，有的略苦涩。

据瑞士A. Maurizio博士对数万个花粉球重量的研究，一只蜜蜂大约要采500朵花才能完成一个花粉球（4.2～10.7毫克）的携带量。

蜂花粉主要食疗成分是蛋白质、氨基酸、维生素、蜂花粉素、微量元素、活性酶、黄酮类化合物、脂类、核酸、芸苔素、植酸等。其中氨基酸含量及比例最接近联合国粮农组织（FAO）推荐的氨基酸模式，这在天然食品中极其少见。蜂花粉是有营养价值和药效价值的物质所组成的浓缩物，它既是极好的天然营养食品，同时也是一种理想的滋补品，并具有一定的医疗作用。

由于植物种类或采集季节的不同，各种蜂花粉（蜂花粉食品）的颜色也不同，不同品种的粉源植物，产出五颜六色的蜂花粉。如鲜红色，紫穗槐、七叶树；橘红色，紫云英、向日葵、金樱子、水稻、野菊、茶树；金黄色，油（油食品）菜、芸芥、柳树、棉花；深黄色，乌桕、盐肤木、蒲公英；浅黄色，大豆、高粱、板栗、草木樨、黄瓜、桉树、白车轴草、党参、苹果（苹果食品）；米黄色，玉米、枇杷、艾、蒿、松；粉白色，芝麻、女贞、益母草；白色，苕子、野桂花；淡绿色，李、椴树；灰色，蓝桉、泡桐；灰绿色，荆条、荞麦；紫色，蚕豆；黑色，虞美人。

以前人们普遍认为蜂花粉外壁是层坚硬的壳，具有抗酸、耐碱、抗微生物分解的特性，不经破壁的蜂花粉，很难被人体消化吸收。但近几年研究表明，健康成年人完全可以消化蜂花粉。破壁的蜂花粉产品可以供老人和有肠道疾病的患者食用。

二、蜂花粉的主要化学成分

蜂花粉是自然界赋予人类的优质营养品，含有各种对人体有用的成分。它的成分相当复杂，目前已知的有 200 多种。花粉中富含蛋白质、氨基酸、碳水化合物、维生素、脂类等多种营养成分，以及酶、辅酶、激素、黄酮、多肽、微量元素等生物活性物质，因此有“微型营养库”之美誉。

研究证实，花粉中包括22种氨基酸、14种维生素和30多种微量元素以及大量的活性蛋白质（包括多种酶）、核酸、黄酮类化合物及其他活性物质。一般含蛋白质20%～25%，碳水化合物40%～50%，脂肪5%～10%，矿物质2%～3%，木质素10%～15%，未知物质10%～15%。不同植物源的花粉，其成分也有明显差异。

值得一提的是，花粉中维生素的含量也很高。维生素C的含量高于新鲜水果和蔬菜，被称为天然维生素之王。B族维生素的含量比蜂蜜高百倍。它含有多种矿物质，其中钾20%～40%、镁1%～20%、钙1%～15%、铁1%～12%、硅2%～10%、磷1%～20%。

（一）蛋白质

蜂花粉中的蛋白质含量丰盛，是同等质量牛肉、鸡蛋的5～7倍，而且组成蛋白质的各种氨基酸的比例也恰到好处，在营养学上被称为完整蛋白质或高质量蛋白质。据测定，蜂花粉所含的蛋白质多数在20%～25%，因粉源植物的品种和产地不同，其含量有所差异，如油菜花粉中蛋白质平均为25.85%，柳树花粉为18.04%，玉米花粉为20.70%，田青花粉为22.80%，荞麦花粉为25.01%；同样是油菜花粉，浙江产的为24.23%，重庆产的为29.47%，青海产的为30.01%。

酶类是一种具有生物活性的特殊蛋白质，它参与生物的一切生命运动，离开了酶，一切生命活动就停止了。蜂花粉中含有100多种酶，重要的酶有过氧化氢酶、还原酶、转化酶、淀粉酶、碱性磷酸酶、酸性磷酸酶、胃蛋白酶、脂酶等，分属于六大类，其中氧化还原酶类30种，转化酶类22种，分解酶类 33 种，裂解酶类 11 种，异构酶类 5 种，连接酶类 3 种。

（二）氨基酸

氨基酸是组成蛋白质的基本单位，也是蛋白质的分解产物。同济大学花粉应用研究中心对我国 35 种蜜源植物花粉的氨基酸总量进行测定，结果表明：花粉中氨基酸总量的含量范围为 10. 93 ～ 26. 335 克 /100 克，含量丰盛的有胡枝子、田青、木豆、野菊、向日葵、胡桃、沙棘、茶等的花粉，含量均在 22 克 /100 克以上；含量较少的为柳树、黑松、泡桐、荆条、荞麦、蒲公英等的花粉，含量在 10 ～ 15 克 /100 克。由此可见，蜂花粉中氨基酸的含量是十分丰富的。而且蜂花粉中的氨基酸有一部分是以游离氨基酸形式存在的，可以被人体直接吸收。蜂花粉中还含有大量对人体具有多种重要生理功能的游离氨基酸——牛磺酸，其含量（毫克 /100 克干重）：玉米花粉 202. 7，荞麦花粉 198. 1，油菜花粉 176. 8，香瓜花粉 107. 6。蜂花粉中牛磺酸含量远远高于蜂蜜（0. 025 63 ～ 0. 0744 毫克 /100 克干重），也高于蜂王浆（8. 44 ～ 32. 68 毫克 /100 克干重）。

（三）脂类

脂肪是人类三大营养成分之一，蜂花粉最可贵之处是其所含的脂类物质，大部分是以对人体生理功能具有重大作用的不饱和脂肪酸的形式存在。据分析结果显示，蜂花粉中含有 7 种饱和脂肪酸和 14 种不饱和脂肪酸，饱和脂肪酸占脂肪总量的 25. 23%，而不饱和脂肪酸占 64. 52%。据有关研究测定不同产地的蜂花粉样品 20 个，其均匀脂类含量为 3. 785%（最高为 7. 265%，最低为 0. 932%），同一品种不同产地的蜂花粉，脂类物质含量有差异。总之，脂类含量不高，而且主要以不饱和脂肪酸形式存在，所以蜂花粉是一种具有高蛋白、低脂肪特点的保健食品。

（四）矿物质元素

蜂花粉中的常量元素和微量元素已测出有 30 多种，人体所必需的 14 种微量元素在蜂花粉中都存在。分析成果显示，蜂花粉中钾的含量最高，达 4 306 ~ 9 968 微克 / 克，钠的含量在 92. 54 ~ 450. 9 微克 / 克，这种高钾、低钠的特点，对预防和治疗高血压、糖尿病、冠心病和肾脏疾病有良好的作用。

蜂花粉中含有丰富的钙，含量在 1 960 ~ 6360 微克 / 克；镁含量为 36. 04 ~ 1 984 微克 / 克；硫、硅等常量元素和铁含量为 446 微克 / 克；碘、铜含量为 12. 54 微克 / 克；锶、锌含量为 36. 04 微克 / 克；锰的含量为 23. 5 微克 / 克；还有钴、钼、铬、镍、锡、硼、矾、铝、钡、镓、钛、锆、铍、铅、砷、铀等多种微量元素。分析结果还发现，在某些蜂花粉中有某些微量元素的含量特别高，如枣花粉中铁含量高达 1 534 微克 / 克，是均值的 3. 4 倍；锰含量为 44. 26 微克 / 克，是均值的 2 倍；铬、镍、钴也分别是均值的 4 倍左右。江西的高粱花粉中锌的含量高于均值的 3 倍。

蜂花粉中丰盛的常量元素和微量元素，对维护和保持人体的生命活动发挥着主要作用。人体本身可以合成某些维生素，却无法合成常量元素和微量元素，所以说人体所需要的常量元素和微量元素必须从食物中摄取。微量元素缺乏或不足会直接给生命带来严重后果，如人体中缺铁，血液就会丧失运载氧气的功能，人就无法生存下去；人体缺锌会导致发育成长缓慢甚至停滞；人体缺铬会使胰岛素功能下降；人体缺铜可使血液胆固醇升高，引起动脉弹性下降；人体缺锰会导致贫血、癌肿、骨畸形和弱智等。食用蜂花粉之所以可以保健美容，是与之含有丰富的常量元素和微量元素密切相关的。

（五）维生素

维生素是维持人体正常生理功能必需的一类化合物，当机体某种维生素长期缺乏或不足时，即可引起代谢混乱及出现病理状态，显现维生素缺乏的相应症状。蜂花粉是自然的多种维生素浓缩物，含有 10 多种维生素，品种十分齐全。尤以 B 族维生素为丰富，维生素 A、维生素 C 含量也较高，还含有抗衰老的维生素 E。蜂花粉中维生素含量一般为（微克/100 克）：维生素 A 5 067，胡萝卜素 49. 5 ~ 2 343，维生素 B_1 1 560，维生素 B_2 1 330，维生素 B_3 10 ~ 46，维生素 B_5 5 980，维生素 B_6 1 220，维生素 C 49 200，维生素 D 1 347，维生素 E 227 ~ 12 566，维生 K 1 250，叶酸 1 560，肌醇 900，维生素 H 620。

（六）糖类

蜂花粉中所含糖类主要有葡萄糖、果糖、蔗糖、淀粉、糊精、半纤维素、纤维素等。来源不同的蜂花粉中糖类的含量也有差别，正常情况下，干蜂花粉中所含糖类均值为 25% ~ 48%，其中葡萄糖占 9. 9%，果糖占 19%，半纤维素为 7. 2%，纤维素为 0. 52%，其他成分所占比例不尽相同，不同植物品种对其含量有着直接影响。

（七）核酸

核酸对蛋白质的合成、细胞分裂和复制以及生物遗传起着主要作用。每 100 克蜂花粉中含核酸约 2 120 毫克，比人们公认的富含核酸的食品（鸡肝、虾米）要高得多。核酸的存在，大大提高了蜂花粉的医疗保健价值，可用于免疫功能低下和肿瘤患者的治疗，并有增进细胞再生和延缓衰老的功效。

（八）激素

蜂花粉中的激素主要有雌性激素、促性腺激素等。从蜂花粉中提取的促性腺激素，经进一步提纯可得到促卵泡激素和黄体天生素。每 100 克枣椰蜂花粉中可提取粗制促性腺激素 3 克，从中可提取促卵泡激素 1 000 国际单位、黄体天生素 30 ~ 40 国际单位。浙江医科大学用高效液相色谱进行剖析，发现蜂花粉中有雌二醇存在，每克蜂花粉含 1. 82 毫克，并证实此物能诱发动物的培养细胞雌激素受体活性。因此，用蜂花粉治疗男女不孕症可收到理想的效果。

（九）黄酮类化合物

黄酮类化合物是一类具有很强生物活性的化合物，蜂花粉对人体具有奇特的功能，与黄酮类化合物的作用分不开。黄酮类化合物具有抗动脉硬化、降低胆固醇、缓解疼痛以及防辐射等作用。蜂花粉中含有丰富的黄酮类化合物，不同品种的蜂花粉中黄酮类物质含量差别较大，据同济大学测定结果，最高的总黄酮含量为9.08%（板栗花粉），最低的仅0.12%（苹果花粉）。含黄酮类比较高的有茶花、木豆、飞龙掌血、紫云英、芸芥、油菜、胡桃、黄瓜等的花粉。

三、蜂花粉的生理功能和应用

国内外蜂花粉一部分应用于饲料，如蜜蜂饲料、马饲料和其他饲料的配料，另一部分蜂花粉用于生产健康食品、食品添加剂和美容产品。日本将蜂花粉用作营养品；巴黎将蜂花粉用作助长儿童发育的机能食品；法国国立研究中心将蜂花粉用作延年益寿的保健品；瑞典用蜂花粉美容；苏联调查了200位百岁老人，发现他们经常食用蜂花粉。国外也有将蜂花粉用于治疗疾病的报道，日本用蜂花粉提取物配合中草药治疗前列腺疾病；罗马尼亚用蜂花粉治疗高血脂、慢性肝炎、冠心病和脑动脉粥样硬化；法国花粉学家阿里奈拉斯用花粉治疗失眠、注意力不集中、健忘症及儿童贫血症；瑞典用花粉制剂治疗前列腺紊乱和慢性前列腺炎等；西班牙用花粉治疗抑郁症、慢性前列腺精囊炎、疲惫衰弱和酒精中毒。

图4-2　蜂花粉脱粉收集（邵有全　摄）

蜂花粉的功效因植物的种类不同而有所差异。例如，玉米花粉可以预防治疗水肿性肾炎、尿路闭塞、胆结石、胆囊炎、高血压、前列腺肥大、前列腺炎、黄疸型肝炎等疾病，具有利胆消肿、利血、利尿、降血压、退黄等疗效，并对人体肾功能的恢复也有突出的治疗功效。百花粉味苦，可通过调整内分泌，进而激发胰岛素再分泌，达到预防治疗糖尿病的效果。茶花粉中氨基酸成分在众多花粉中含量最高，微量元素、血酸含量也高于其他种类，通常用于防治动脉硬化和肿瘤。刺槐花粉在软化血管及防治高血压、动脉硬化和静脉扩张等方面具有显著功效。益母草花粉具有调经活血、清热、消瘀等功效，多用于治疗女性月经不调等妇科疾病。西瓜花粉含有较高的维生素 C 和维生素 B_1，在调节神经功能、降血脂及降血糖等方面能发挥较好作用，对内脏、心血管等具有显著功效，并具有保护皮肤的作用。油菜花粉在治疗静脉曲张性溃疡、抗动脉粥样硬化、降低胆固醇和抗辐射等方面因黄酮醇含量较高能够发挥良好的功效。蒲公英花粉具有通经活络、化痰、利尿、补肾、醒脑提神、散寒之功效，对人体再生血液有一定的辅助作用。枣花粉能够提高生育能力、恢复正常生殖机能、防止肌肉萎缩，其主要原因是含有较高的维生素和促性腺激素。薰衣草花粉具有利尿、兴奋之功效，对改善肠胃机能也有良好的疗效。鼠尾草花粉有发汗、调节月经周期、利于排尿等作用，在助消化和提高肠道蠕动方面均发挥良好作用。玫瑰花粉通常具有美容、利尿的作用，也常应用于肾结石的治疗。柠檬花粉对治疗失眠具有显著疗效。欧洲栗花粉具有调节改善肝功能、加速动脉血液循环之功效。

（一）对心脑血管系统具有保护作用

蜂花粉中的芸香苷和原花青素含量较高，可通过增强毛细血管的强度，使心血管系统被很好地保护起来，从而降低冠心病患者发生脑卒中的概率，同时对视网膜出血、脑溢血、毛细血管通透性障碍等有良好的防治作用。现代科学研究表明，胆固醇、甘油三酯浓度高低对动脉粥样硬化和高脂血症有直接影响。通过146例临床试验发现，蜂花粉对降低胆固醇功效显著，有效率达84.29%。从而说明，蜂花粉中所含有的黄酮类化合物、磷脂、膳食纤维及不饱和脂肪酸对降低胆固醇具有直接影响。

（二）对消化系统的影响

多项研究表明，蜂花粉能提高人的食欲，从而增强人体消化系统的功能，并促进对食物的消化和吸收；促进回肠、结肠张力，使其活动性增强，对治愈习惯性便秘胃肠功能紊乱患者有特殊的改善功效；同时药效温和，不会出现腹泻或者停药后便秘等情况。此外，蜂花粉对治疗慢性萎缩性胃炎也有一定的疗效。胃溃疡和十二指肠溃疡需要进食大量含有蛋白质的食物来修复溃疡表面，经研究发现，蜂花粉中富含多种活性氨基酸物质，经常服用可轻易被人体吸收，不用经过消化和分解，直接送到溃疡面进行组织修复。老年人消化功能逐步衰退，胃肠疾病明显增多。研究认为，对老年人消化系统疾病有良好治愈功能的保健因子包括乳酸菌、膳食纤维、肽、功能性低聚糖等。老人服用蜂花粉后大便变稀，主要是膳食纤维作用的结果。所谓膳食纤维，包括基料碳水化合物、纤维状碳水化合物、填充类化合物。蜂花粉的外壁，是能促进肠道蠕动的主要物质之一，而蜂花粉中的膳食纤维含量在10%左右。

（三）对内分泌系统和神经系统的调节功效

内分泌系统是机体的重要调节系统，它控制及调节机体的生长发育和各种代谢，为保持人体内环境的稳定而存在，由内分泌腺和分布于其他器官的内分泌细胞组成。内分泌腺激素进入血液，进而调节及控制组织器官。近期研究表明，蜂花粉有提高并改善内分泌腺的分泌功能，促进内分泌腺体的发育；对妇女更年期症状有明显改善作用，而且对妊娠期的孕吐、女性月经不调有良好的改善功效。有关数据研究表明，蜂花粉中含有的精氨酸、核酸对男性性功能障碍有治疗作用，长期服用有恢复的可能。据国内外的疗效报道，糖尿病患者长期进食蜂花粉对缓解病症具有一定的疗效。近年来，大量用于治疗糖尿病的药物中都加大了蜂花粉的用量。蜂花粉食疗法对糖尿病患者的营养平衡和多种成分进行综合作用，长期服用既不损伤机理，又有完全治愈的可能。与此同时，蜂花粉对于糖尿病并发症的治疗无毒无副作用，可以说是糖尿病患者最有效的饮食疗法。

国内外研究表明，蜂花粉在增强中枢神经系统、促进脑细胞的发育及合成神经递质等方面具有明显功效，有利于提升大脑活动所需的能量。

（四）对肝脏的保健功效

据国内外的疗效报道，蜂花粉对脂肪肝有防止抑制作用，特别是与南刺五加一同使用效果更加明显，并且是调节肝功能的最佳营养制剂，可用于治疗肝炎，有关数据表明有效率达91.7%。此项研究结果中，蜂花粉由于含有氨基酸、核酸、维生素等多种微量元素，从而提高了机体的免疫力。另外，将切除 2/3 肝脏的小鼠设为喂食花粉组与对照组，结果表明喂食蜂花粉组的小鼠较对照组的小鼠恢复快，而且因酒精中毒死亡的小鼠数量明显减少。因此，证明蜂花粉对过量饮酒所导致的酒精性肝硬化有明显的疗效，并且能尽快修复肝脏功能。

（五）对呼吸系统疾病的功效

蜂花粉对呼吸系统疾病具有良好的辅助治疗作用，多项实验研究结果表明它对肺结核、肺炎、哮喘、慢性鼻炎、慢性支气管炎等均有明显疗效。对于慢性哮喘的治疗，配方上经常将蜂花粉与南刺五加、蜂蜜、胡颓子叶一起使用，效果非常好。慢性支气管炎的治疗配方也常将蜂花粉与南刺五加、树舌灵芝、蜂蜜等并用，效果也十分显著。

花粉中含有的油质和多糖物质被人体吸入后，会被鼻腔的分泌物消化，随后释放出十多种抗体。如果这些抗体和入侵的花粉相遇，并大量积蓄，就会引起过敏。过敏原是过敏病症发生的外因，而机体免疫力低下，大量自由基对肥大细胞和嗜碱细胞的氧化破坏是过敏发生的内因。

（六）抗癌、抗辐射功效

蜂花粉具有良好的抗癌作用。它可通过提升免疫系统活力，增加血清免疫球蛋白，从而达到对癌症的免疫效果。它还对癌细胞 DNA 的合成具有抑制作用，能有效阻止癌细胞的分裂，降低其生长的速度，阻止外来致癌基因的活化及解除外来致癌基因的毒性。经 62 例临床试验表明，蜂花粉对治疗早中期肺癌、鼻咽癌、肠癌、目癌、子宫癌等疗效可观，如果与南刺五加并用，效果更加突出。国内外的多项试验结果表明，蜂花粉还具有明显的抗辐射、抗化疗作用。在国内，湖南省蜂产品研究中心研制的蜂花粉在治疗肿瘤的临床应用中，其功效得到了充分体现。在国外，蜂花粉已经作为肿瘤患者放射治疗的佐剂，收到良好疗效。曾有试验用蜂花粉进行分组试验，12 年间服用蜂花粉的组，检测数据一切正常，而对照组的健康数据却出现明显异常。

（七）抗疲劳，增强体质和免疫力

蜂花粉可加快消化从而减轻消化系统的负担，可提高运动员的反应能力，加快神经与肌肉之间的传递速度。经试验表明，服用蜂花粉 1 周的小鼠其负重游泳时间显著长于对照组，证明花粉有增强动物耐力及抗疲劳的作用。继续给小鼠服用蜂花粉且禁食、禁水 10 天后，小鼠存活时间为 80 小时；与之相反操作，未服用蜂花粉的小鼠禁食、禁水 10 天后，存活时间仅为 60 小时。蜂花粉的抗疲劳功效应用于实践表明，体育运动员服食蜂花粉后，明显感觉食欲增进、睡眠质量提高并精力充沛，运动后的各项生理指标也都有提升，如肺活量指数明显上升、血色素大量增加等，运动员的各种体能及爆发力都有提高。因此，蜂花粉可用于增强运动员的体力。

蜂花粉能促进淋巴、骨髓、脏脾、胸腺的发育，加速产生抗体并防止抗体在短时间内消失。蜂花粉还能进一步提高巨噬细胞的吞噬能力，增加T淋巴细胞和巨噬细胞，最终使机体的免疫功能得到全面提高。

（八）抗衰老作用

近年来研究表明，人体内过氧化脂质（LPO）、超氧化物歧化酶（SOD）和脂褐素含量关系到抗衰老，如降低LPO和脂褐素含量，提高SOD活性，则有延缓机体衰老的作用。SOD的活性随年龄增长而不断下降，LPO和脂褐素含量随年龄增长而不断增加，蜂花粉对此现象具有一定缓解及抑制作用。动物试验结果表明，连续服用蜂花粉1个月的小鼠，检测结果中肝脏SOD活性明显高于未服食蜂花粉的小鼠，此外还发现小鼠的大脑、心脏、肝脏中的脂褐素含量明显降低。人体的衰老源于在呼吸代谢、消耗氧过程中所产生的自由基，在此过程中会引发脂褐素的生成，脂褐素一旦沉积就会在皮肤上形成所谓的老年斑，并且沉积在心脏、大脑和肝脏等器官组织中，可促使细胞组织快速老化，从而使人衰老。研究表明，增强SOD活性有助于增强清除体内自由基的能力，防止脂褐素的产生，从而防止细胞衰老。蜂花粉中含有维生素E及硒、胡萝卜素、黄酮类物质等，具有抗氧化及清除自由基的功能，增强SOD活性，抗衰老作用显著。苏联生化学家推测高加索山脉、黑海一带人长寿的比较多，是由于长期食用蜂花粉的原因。

（九）美容及保养皮肤的功效

蜂花粉中含有丰富的氨基酸、天然维生素、植物激素及活性酶，因而能促进皮肤细胞的新陈代谢、增强皮肤活力，起到特殊的美容作用。研究表明蜂花粉能改善皮肤外观、营养真皮，可改善老年人逐渐减弱的皮肤代谢，对老年皮肤瘙痒症具有疗效。此外，蜂花粉中含有的维生素A可滋养毛孔，维生素B能改善毛细血管功能，将营养直达皮肤表层，减少青春痘的发病概率，对消除老年斑、雀斑、防止皮肤皲裂等作用显著，并有助于皮肤肉芽生长，对真皮细胞进行深层营养呵护，对除皱、抗斑具有独特的疗效。因此，蜂花粉是当今公认的天然美容佳品，被誉为“美容之源”。

（十）减肥的功效

蜂花粉中含有的丰富活性物质对调节人体的新陈代谢、各个生理器官的活动、机体的各项生理功能都具有很好的作用。现代多项研究发现，人体肥胖是由于缺乏B族维生素所导致，然而蜂花粉富含大量的B族维生素，可迅速将体内脂肪转化为能量，从而得以代谢，达到减肥的效果。另外，蜂花粉中的卵磷脂，也可清除人体内堆积的过量脂肪使人体变得苗条。

特别是患高血压、糖尿病、冠心病的肥胖者，这些病本与肥胖有关，肥胖会使病情加重，在治病的同时必须减肥，否则效果不好。蜂花粉既能把肥胖者的高血压、高血糖降为正常，又能减肥。

（十一）其他功能

蜂花粉对慢性前列腺炎有显著的疗效，并能防止前列腺肥大、前列腺功能紊乱，被医学界称为前列腺炎的“克星”，以油菜花粉、荞麦花粉效果最佳。研究报告证明，蜂花粉有利于促使受创的骨髓尽快恢复功能，能加快造血组织的修复和血细胞的新生，对保证造血功能正常运转发挥着积极的作用。人体的脑细胞中脂褐素的堆积，会影响脑细胞的正常功能。脂褐素含量增多，会导致细胞萎缩和死亡。食用蜂花粉后，身体各系统功能得到改善，去除褐色素功能加强，机体衰老过程减缓。

四、蜂花粉生产加工工艺和技术

（一）蜂花粉生产

生产蜂花粉前淘汰老王和劣王，换上健康优良的蜂王，使蜂群拥有强盛的繁殖力。用壮群补充弱群，使弱群达到 8 ~ 10 框中等群势，解除强壮蜂群的分蜂情绪，变为繁殖的势头进入蜂花粉生产期。将群内的蜂花粉脾抽出，人为地造成群中蜂粮的短缺，使蜂群内处于蜂花粉不足的状态，刺激工蜂采粉的积极性。对群中蜂蜜不足的，加强饲喂糖浆，促使蜂王多产卵，工蜂多出勤，增加蜂花粉的产量。采收蜂花粉，目前国内外广泛使用的脱粉器分为两种：一种是巢门脱粉器，一种是箱底脱粉器。

1. 使用自制的合适的脱粉器

脱粉圈可采用不锈钢丝或自行车软刹车线内的钢丝，也可用 1 000 瓦电炉的电阻丝绕制，见图 4–3。在直径 4. 2 ~ 4. 8 毫米的铁条上（要根据各地中蜂脚径而定，以脾巢房直径为准）绕出一个个直径合适的脱粉圈，再将脱粉圈一个接一个地钉在挡蜂木条上（一般钉两排最好）。在花粉生产季节，将自制的脱粉条直接安插在巢门前脱粉。

图 4-3　安装于巢门前的自制脱粉器（李建科　摄）

2. 使用接粉盒

原则上不能让工蜂接触到脱下来的花粉团，可采用塑料接粉盒、木盒或铝盒，盒长 20 ~ 30 厘米（根据蜂箱门长度来定）、宽 6 厘米、深 3 厘米。在接粉盒上面，用铁纱网住，让脱下来的花粉直接从铁纱孔掉入盆内，这样可防止工蜂把脱下来的花粉搬走（中蜂有很强的搬花粉特性），见图 4-4。

图 4-4　刚脱下的花粉（张旭凤　摄）

蜂花粉生产中应该注意以下事项：①为了蜂花粉的高产，减少工蜂把花粉搬丢的损失，可将蜂箱的起落板锯掉，直接用接粉盒的盖子做起落板，让脱刮下来的鲜花粉直接落入盒内。②采集蜂开始生产花粉时，蜂群不习惯箱门变化，工蜂会聚集在巢门前不进箱内，所以要在早上工蜂出巢前就装上脱粉器，蜂箱门要全开放（与标准蜂箱的全巢门一样）。③中蜂开展花粉生产，有人怕影响蜂群繁殖，根据实践，并不会影响繁殖。因为每天只能脱到工蜂进粉量的50%～80%，而且越脱花粉，蜂群采花粉越积极，花粉的产量也越高。

优质的蜂花粉必须具备3个条件：一要新鲜，保证活性物质不受损失；二要细菌数在安全的范围内；三要不霉变。花粉具有丰富的营养成分，很容易受潮和污染，发生霉变。蜂花粉必须经过科学的灭菌和低温干燥处理，才能保证服用安全性。未经灭菌的蜂花粉不宜入口服用；未经干燥的蜂花粉容易发霉变质。而为了保证新鲜，必须冷藏。目前，纯蜂花粉产品在国内外都是以原蜂花粉团粒经筛选、去杂、烘干、灭菌后包装出售。消费者可在色、香、味、状态、水分等方面来鉴别。

蜂花粉好坏辨别方法

一看色泽，不同的蜂花粉各具有自己的颜色，单一蜂花粉颜色一致。二看有无长虫、虫絮和霉变。三看蜂花粉团粒形状，一般蜂花粉团应为扁圆形。四闻有无花粉的清香气味，应无异味。五尝味道，应味道香甜，有涩的回味，无异味。六用大拇指挤压，应无潮湿感。

如油菜花粉、向日葵花粉、芝麻花粉，颜色基本一致，具有固有本种花粉的色泽，如油菜花粉呈黄色，向日葵粉呈金黄色，芝麻花粉成咖啡或白色。如果蜂花粉不是指单一花粉，而是混合花粉，其色泽是杂色。由于花粉不同，其营养成分也不一样，所以国外许多厂商把各种花粉混合起来，使它的营养均衡，其产品通常是杂色。

蜂花粉是一种天然营养保健品，可以不经过深加工直接食用，这样可以防止某些营养成分在加工过程中造成人为的损失。消费者新购进的纯净蜂花粉，可根据需要按量取用。食用时可用温开水送服，也可入口细细咀嚼，或者将蜂花粉与蜂蜜混合搅拌在一起食用。每天服蜂花粉 2 次，一般在早晚空腹时服用最佳，若饭前服用蜂花粉后胃有不舒服的感觉，则可改在饭后半小时内服用；也可将蜂花粉磨成粉末，按时按量以水冲服，均可收到满意的效果。由于蜂花粉来源于大自然，附有少许尘沙，最好将蜂花粉与蜂蜜以 1 ∶ 4 的比例调和成花粉蜜并放置几天后服用，勿食沉在瓶底的尘沙。一般早晚空腹食用。食用剂量：蜂花粉的服用量应根据服用者的体质状况及服用目的的不同而异。正常情况下，成年人以保健或美容为目的，一般每天可服用 5 ~ 10 克，强体力劳动者以增强体质为目的（如运动员）或用作治疗疾病（如前列腺炎等），每天用量可增加到 20 ~ 30 克。蜂农收集的荷花花粉见图 4–5。

图 4-5　蜂农收集的荷花花粉（张旭凤　摄）

制作蜂花粉口服液具体方法：将干燥的蜂花粉对入等量的水，保持数小时使其充分浸透成为糊状；放入低温冰箱（调至 -20℃以下）冷冻 2 日；从冰箱取出，立即捣碎，随即用 3 倍的沸水冲浸，通过热胀冷缩的作用将之外壳进行破壁，使之营养成分充分释放出来；静置几小时，抽取上清液，再将残渣做 2 次处理；取其上清液对入蜂蜜等，即为蜂花粉的口服液，每天按需要量服。注意事项：冲服蜂花粉时，切不可用 60℃以上的水；蜂花粉经过蜜蜂和人双重选择，安全无毒；蜂花粉长期存放应密封置于冰箱内。但对于个别严重过敏反应者，请停用或采用逐渐加大服用量的方法，另外饭后服用也可减少过敏的发生。蜂花粉具有特殊的辛香味道，不太适口，所以服用蜂花粉要坚持。

这种方法比较适合减肥、生发、护发，也可用于治疗脸部各种疾患。直接食用的蜂花粉不一定非要破壁，因为破壁与否并不影响人体对蜂花粉营养的吸收和利用。研究表明，蜂花粉粒外表虽然有一层坚硬的外壳，但外壳上均有萌发孔或萌发沟，在人体胃肠的酸性环境下或各种酶的作用下，萌发孔或萌发沟会开放并喷射出内含物。

除了直接口服外，直接涂抹对人体皮肤也有益处。选择较好的蜂花粉，经灭菌处理和破壁后密封待用。临睡前取 1 ~ 2 克蜂花粉置于手心，用温开水调稀后，均匀地涂抹在面部，并适当地按摩，翌日早晨洗去。这种方法比较适合治疗痤疮、雀斑、黄褐斑和老年斑，如与食用蜂花粉同时进行，效果更好。用来直接涂抹外用的蜂花粉，必须事先经过破壁处理，因为皮肤表面水分含量低，又缺少酶和酸性环境，蜂花粉的营养成分不容易从花粉的萌发孔或萌发沟释放出来。只有事先通过物理或化学的方法（如机械破壁法、酶解破壁法、变温破壁法、低温气流破壁法等）将花粉壁破碎，令其内含物暴露出来，其中的营养成分才能直接与皮肤接触，被皮肤吸收利用。但必须注意的是，破壁后的花粉必须密闭和低温保存，因为破壁后的花粉粒，内含物暴露在外，在常温下易氧化变质。

（二）蜂花粉初加工

蜂花粉的初加工一般包括花粉的干燥、去杂、灭菌以及破壁等过程。蜜蜂刚采集来的花粉含水量较高，达到 20% ~ 30%，若不及时处理很容易发霉变质；另外，蜂花粉中有虫卵，在适宜温度下会孵化；同时鲜花粉团质地疏松湿润，容易散团，久置会变成一些糊状物，无法食用。采收后花粉要及时干燥处理（不超过 8 小时），尽可能降低水分，长期储存水分应控制在 2% ~ 3%。

通常采用的干燥蜂花粉的方法，主要有晾晒法、远红外线干燥法和化学干燥法，还有微波炉干燥法、升华干燥法、强通风干燥法、真空冷冻干燥法等。

1. 蜂花粉干燥

（1）日晒干燥法　日晒干燥法方法简便，过去广泛采用。此法干燥时间长，受天气影响，干燥过程易受污染，蜂花粉营养物质损失较多，含水量难以降至5%以下，所以晒过的蜂花粉不能长时间常温储存。将蜂花粉摊在干净的木盘、竹扁、塑料薄膜、纱网或不锈钢金属网上，厚度在1厘米左右，蜂花粉上面再盖一层细白布或白纸，防止苍蝇、灰尘的污染。环境干燥，阳光强烈时，一般晒3～4天。可用手指用力搓捏蜂花粉团，搓不碎或蜂花粉呈粉状，而不是捏后呈饼式块状，说明干燥完成，否则要继续干燥。注意白天日晒，晚上把蜂花粉装入密闭容器保存，以防吸潮。

（2）常压热风干燥法　常压热风干燥法可在烘房、烘箱、隧道式干燥器进行。热空气温度应控制在60℃以下，干燥温度控制在45～55℃，干燥时间5～8小时。此法效率高，花粉营养物质损失少，花粉含水量低。

（3）真空干燥法　分为常温真空干燥和高温真空干燥法。常温真空干燥是在干燥箱中，温度在45℃以下，真空度控制在85～95千帕，干燥时间2～3小时。高温真空干燥法是干燥温度前期控制在40℃，中期60～70℃，后期110～115℃，干燥时间80～120分。此法既能杀死虫卵，又能灭菌。

（4）远红外干燥法　现在有专门用于花粉干燥的远红外干燥箱。远红外线穿透能力强，干燥快，操作方便，不受环境条件限制，干燥出的产品质量好，应用广泛。烘箱温度为43～46℃，时间6～8小时。

（5）干燥剂干操法　在一个密闭的容器内，放适量干燥剂（变色硅胶、无水硫酸镁、无水氯化钙等），然后在干燥剂上放一层吸水性强的纸或白布，再将蜂花粉倒在纸或布上，利用干燥剂较强的吸水性能，降低容器内水的蒸汽压，使花粉不断失去水分而被干燥。通常干燥 1 千克蜂花粉需要 2 千克硅胶或 1 千克硫酸镁或 1 千克氯化钙。干燥剂吸水后，取出加热烘干可反复使用。此法操作简单、经济，但效率低，蜂花粉含水量很难降至5%以下。

2. 蜂花粉去杂

蜂场采收的蜂花粉中，大多数都有蜂尸、蜂头、蜂翅、蜂足、蜡屑、尘土、虫卵等杂质，应通过风力扬除和过筛分离以去杂。风力扬除主要是分离除去质轻的蜂翅、蜂足、草梗、蜡屑和粉尘等杂质，过筛分离则主要分离除去体积比蜂花粉团粒（2.5 ~ 3.5 毫米）大的蜂尸、蜂头、草梗等，以及体积比蜂花粉团粒小的尘土、虫卵和碎蜂花粉团粒等。

湿法去除蜂花粉中的杂质，方法十分简单，就是把蜂花粉直接过水，利用杂质不同的密度在水中分布不同的原理，对蜂花粉中的多种杂质进行分离。

3. 蜂花粉灭菌

蜂花粉灭菌方法有很多，一般分为物理方法和化学方法，具体主要有乙醇灭菌法、蜂胶溶液喷洒法、紫外线消毒法、冷冻法、加热灭菌法、化学试剂法、微波灭菌法、钴 60 辐射法、远红外线灭菌法等。

（1）乙醇灭菌法　对蜂花粉采用乙醇灭菌法时，应先测定蜂花粉的含水量，然后根据蜂花粉含水量确定将使用的乙醇浓度，使其最终浓度控制在 70% ~ 75%。喷乙醇时，先将蜂花粉平摊在台板上，然后将配好的乙醇溶液装入喷雾器中，边喷边翻动蜂花粉，注意喷洒均匀、彻底，喷过之后应尽快将蜂花粉装入塑料袋内密封保存，以免乙醇挥发影响效果。

（2）蜂胶溶液喷洒法　蜂胶溶液具有较强的抑菌效果。可用 0. 05% 的蜂胶乙醇溶液喷洒蜂花粉，注意翻动均匀后进行干燥、储存。

（3）紫外线消毒法　将蜂花粉摊在台板上，厚度约 1 厘米，用紫外线照射 60 分。由于紫外线穿透能力差，每隔 20 分要翻动 1 次。

（4）冷冻法　鲜花粉在 –18℃以下低温冰冻 1 ～ 3 天，可以杀死蜡螟虫卵及其他虫卵。将花粉在 –30 ～ –20℃的低温冰箱中冷冻 24 小时，取出后立即放入 90 ～ 100℃的热水浴中保持 30 分。

（5）加热灭菌法　加热灭菌法可分为远红外线灭菌法和微波灭菌法。蜂花粉的热力灭菌，要掌握好致死温度与致死时间的关系。通常采用的灭菌温度越高，所需的灭菌时间越短；灭菌温度越低，则需要的灭菌时间越长。

4. 蜂花粉破壁

蜂花粉破壁是指对蜂花粉细胞壁的破坏，以便蜂花粉内含营养成分的释放、吸收和利用。近几年研究表明，消化能力正常的成年人完全可以直接食用天然蜂花粉，不必过多考虑破壁问题。

（1）传统蜂花粉破壁　传统蜂花粉破壁有两种：一是高温蒸煮法，这种破壁蜂花粉方法的缺点是破坏了蜂花粉的天然营养成分，造成了营养成分彻底流失，而且蜂花粉壁及杂质与蜂花粉混合在一起无法去除，有一股难闻的腥味；另一种是挤压破碎法，这种破壁蜂花粉的方法缺点是根本就破不了壁，只是简单地将蜂花粉球粉碎完事，破壁率只有 10%左右。

（2）酶解破壁　与其他破壁方法相比，酶解破壁具有专一性、反应条件温和、利于保存蜂花粉中的营养活性物质等优点；并且具有高效、破壁效果好、作用稳定的特点，有利于实现蜂花粉破壁的产业化、标准化。但是单一酶也不能起到很好的破壁效果，复合酶破壁使用较广，多种酶按一定配比混合使用效果明显。目前常用的酶有纤维素酶、果胶酶、木聚糖酶、木瓜蛋白酶，它们的最适配比为4 ∶ 2 ∶ 1 ∶ 3。蜂花粉酶解破壁的最佳条件为酶解 pH 4. 0、复合酶加入量 1. 2%、酶解温度 45℃、料水比 1 ∶ 14，蜂花粉破壁率达到 89. 21%。

（3）超声破壁　超声破壁法是通过冷热的急剧变化使蜂花粉的外膜破坏而产生裂痕，在裂痕的周围由于超声空气化产生的气泡进行强烈的振动，其振动力克服了花粉外膜与花粉之间的结合力，起到了扯裂的作用。为了使外膜被“扯”下来，则在外膜上要用微冲击波，而超声波在空气化气泡的爆裂过程中可以产生微冲击波，从而起到破壁的效果。该方法是将蜂花粉制冷到 –25℃，升温融化，然后常用 500 瓦、30 千赫的超声波超声，一次超声时间不超过 10 分，否则会由于作用时间过长而引起破壁蜂花粉溶液的温度过高破坏蜂花粉的营养成分。该方法最大的优点是操作简单，作用时间段，不需要复杂的工艺条件，破壁率在 75%左右，基本可以满足生产工艺上的条件。

（4）发酵破壁　蜂花粉自身发酵破壁，首先应按蜂花粉重量的 10% ~ 20%加入温水，使其含水量调整到 14% ~ 30%。实践证明，将蜂花粉握在手里有弹性，这时的含水量一般在 20%左右，此时是蜂花粉发酵的最佳含水量。当发酵蜂花粉的含水量在 14%以下时，附着在蜂花粉粒上的微生物活性低，发酵需要的时间长，不宜在工业生产中使用。如果含水量超过 30%，发酵过程中蜂花粉表面会发霉，进而变色变质。新脱下的蜂花粉粒，含水量在25%～37%，此时酶的活性较强，稍加摊晾，含水量就会下降，然后进行自身发酵破壁，效果较好。调整蜂花粉的含水量后，将其铺在培养板上，放在35～37℃的培养室内，发酵48～72小时。发酵过程中，每隔10～12小时要进行换气，将培养板上的蜂花粉翻动一次。发酵需要的时间因蜂花粉的含水量和温度而异，同样的温度下，含水量高的发酵时间短，含水量低的发酵时间长。蜂花粉发酵的最佳温度是35℃，相对湿度为70%～75%，温度超过39℃容易变色变质。蜂花粉经发酵破壁后，由于营养物质外露，最容易引起杂菌污染，因此需及时干燥，干燥温度以50℃以下为好。

（5）超临界二氧化碳破壁　将蜂花粉放入超临界二氧化碳萃取装置，在适当的压力（8～50兆帕）和温度（35～50℃）的超临界二氧化碳流体中作用一定时间（5～30分），打开排气阀迅速排空二氧化碳，使蜂花粉细胞因胞内外压差较大剧烈膨胀而发生破裂。本发明的优点是操作简便，成本低，整个过程在50℃以下进行，破壁时间不超过30分，减少了产品的受热变性影响，使活性成分保存完全，同时可以杀灭细菌，实现破壁和杀菌过程的统一。蜂花粉细胞破壁率高但破碎率低，内含物在干燥条件下仍存在于破裂的花粉壁内，有利于营养成分保存。

（6）仿生破壁　现在最科学的蜂花粉破壁方法是采用仿生破壁花粉技术，在低温、干燥、密闭条件下打开蜂花粉球的细胞壁，释放细胞内的花粉。仿生破壁花粉技术是目前国际上最先进的花粉破壁技术，破壁率达到99%以上，不但能保证蜂花粉营养成分不损失，而且人体能全部迅速吸收，服用效果显著。

（三）蜂花粉深加工工艺

1. 蜂花粉速溶剂

酶解破壁之后蜂花粉的外壁破裂，大部分颗粒的内容物外溢，有利于消化吸收，但是从外观来看，气味和色泽变化不大，而且溶解性和在水中的分散稳定性没有明显提高。速溶性固体饮料方便、快捷、卫生，在解决上述问题的前提下还可以保持原料的色香味，深受人们的喜爱。

目前市场上销售的速溶性固体饮料有速溶咖啡、速溶奶茶、速溶果汁粉等。国内市场上比较常见的主要是速溶果汁和奶茶，它们是以水果干燥粉或者奶粉与葡萄糖、蔗糖混合而成。相比之下，蜂花粉速溶剂的生产流程并不困难，而且蜂花粉具有保健功能，但蜂花粉速溶剂还没有得到广泛重视。

蜂花粉速溶剂生产中需要用到可调高速分散器、天平、超低温冰箱、真空冷冻干燥机、恒温水浴锅、循环水式多用真空泵、旋转蒸发仪、恒温搅拌器等仪器。原料包括蜂花粉、全脂奶粉、瓜尔豆胶、黄原胶、二氧化硅。各组分配比为黄原胶添加量 0. 3%，瓜尔豆胶添加量 0. 1%，二氧化硅添加量 1. 2%，奶粉添加量 25%。

蜂花粉速溶剂组分配比：

花粉适量	黄原胶添加量　0. 3%
瓜尔豆胶添加量　0. 1%	二氧化硅添加量　1. 2%
奶粉添加量　25%	其他成分适量

操作流程：蜂花粉→酶解→调配（黄原胶，瓜尔豆胶，奶粉，二氧化硅）→

混匀→灭菌→真空浓缩→预冻→冷冻干燥→成品→指标测定。具体操作步骤如下：

（1）调配与混匀　取酶解花粉液的上清液加入烧杯中，将烧杯置于磁力搅拌器上，加热温度不得过高。准确称量黄原胶和瓜尔豆胶，按顺序依次加入烧杯中，边搅拌边添加防止出现结块。将烧杯置于高速分散器上，使两种胶充分分散于上清液中。将上清液转移到原来盛有花粉液的烧杯中，将烧杯置于磁力搅拌器上，准确称取奶粉和二氧化硅并依次加入烧杯中，搅拌混匀。

（2）灭菌　通常采用加热灭菌法对上述混合物灭菌。加热灭菌又分为红外加热和微波加热。一般灭菌温度越高，所需的灭菌时间越短；灭菌温度越低，则需要的灭菌时间越长。

（3）浓缩　将混合后的料液转移至 1 000 毫升圆底烧瓶中，进行真空旋转蒸发，水浴温度 45℃。料液浓缩至质量分数 40% 左右停止浓缩。

（4）预冻　−35℃预冻 2 小时。

（5）真空干燥　物料厚度为 5 毫米，升华干燥温度为 10℃，真空干燥温度为 30℃，干燥室真空度控制在 20 兆帕。

（6）检测　对成品各指标测试，合格即可。

2. 蜂花粉含片

制作原料：破壁山茶蜂花粉、柠檬酸、蔗糖、葡萄糖、麦芽糊精、聚乙烯吡咯烷酮、95% 乙醇、硬脂酸镁、β－环状糊精。

制作仪器：台式冷冻干燥机、旋转式压片机、标准筛（16 目、20 目、100 目）、多功能榨汁搅拌机、电热鼓风干燥箱、分析天平、硬度计等。

（1）破壁蜂花粉的预处理与萃取提取物净膏　将制得的破壁蜂花粉冷冻干燥后放入多功能榨汁搅拌机中粉碎，每次 30 秒，间隔 30 秒，连续操作 3 次。过 100 目筛，去除块状物，得到的粉末状破壁蜂花粉用 300 目以上绢布滤袋装好，采用酒精萃取提取物净膏。

（2）混合　将破壁蜂花粉提取物净膏与填充剂、甜味剂混合，搅拌均匀。

（3）制软材　向混合物中加入润湿剂，每次加入少量，并不断地搅拌，使润湿均匀。制软材时应保证粉末全部润湿，软材能以手捏成团，轻压易散。

（4）制粒　将制好的软材用手握成团，用力压过 16 目的筛网，由筛孔落下的湿颗粒应无细粉和团块。

（5）干燥　造粒后，放入一定温度的电热鼓风干燥箱中干燥一段时间，每隔 20 分轻轻翻动下层的颗粒，干燥后测定含水量。

（6）整粒　干燥后的颗粒再过 14 目和 80 目的筛网，对能通过 14 目、不能通过 80 目的颗粒进行压片。

（7）压片　压片前加入一定量润滑剂混匀，静置一段时间。调整压片机上下模头使压制出的片剂大小合适，见图 4–6。

图 4–6　蜂花粉压片

3. 蜂花粉饮料

营养保健型蜂花粉饮料的研制，对我国预防和治疗老年性疾病，延缓衰老，有一定的开发应用价值。蜂花粉饮料包括蜂花粉果汁饮料、蜂花粉碳酸饮料、蜂花粉功能性饮料。蜂花粉饮料工艺流程如下：原花粉粒→破壁→调配→均质→脱气→灌装→杀菌→冷却→成品检测。材料选择上主要选用干燥、去杂、灭菌的优质蜂花粉。

（1）破壁　采用温差破壁法，通过低温冷冻，将蜂花粉粒置于 –20℃低温下冷冻 24 小时，而后迅速倒入 60 ~ 70℃热水中解冻融化，融化过程伴随搅拌，温度的急剧变化可达到破壁的目的，使蜂花粉营养物质最大限度地释放出来。

（2）调配　蜂花粉和蜂蜜有协同作用，两者的结合可保留蜂蜜和蜂花粉的原有营养价值，同时也降低了蜂花粉固有的苦涩味，保留了其特有的花粉香。为使蜂花粉饮料状态稳定，色泽宜人，口感细腻，可使用一定的稳定剂和护色剂。

（3）过滤　将上述调配好的饮料利用循环水式真空泵在 0.06 兆帕下进行抽滤处理。

（4）灌装杀菌　为了防止过高的温度使蜂花粉中的营养成分受到损失，本产品采用巴氏杀菌的方法，罐装后 75℃下处理 20 分，然后立即对瓶口进行密封，冷却至室温。

随着现代科技的发展及蜂花粉研究的不断深入，蜂花粉的新产品新工艺如雨后春笋般涌现出来。

4. 蜂花粉酒

蜂花粉酒生产工艺属于酿酒业。它是一种从蜂花粉中提取出营养成分，再和白酒配比酿成蜂花粉酒的生产工艺。蜂花粉酒营养成分较高，它克服了普通酒类营养不足的缺点，提高了酒产品的营养保健作用。在蜂花粉酒的加工中，可以根据实际情况的需要或者消费人群进行酿造，可以将蜂花粉清酒作为一种辅料添加，制成不同风味的酒类制品，还可以向清酒中加入啤酒花制成啤酒。普通蜂花粉白酒生产工艺如下。

成分配比：

花粉　50 千克	白酒（40 ~ 50 度）　200 千克
蜂蜜　50 千克	柠檬酸适量
蒸馏水　200 千克	香精适量

制作工艺：

（1）蜂花粉预处理　将蜂花粉放置在 –20℃低温冰箱中，冷冻 24 小时，然后取出迅速放入 90℃的热水中，用高速搅拌机充分搅拌，直到温度降至 45℃时停止。

（2）混合　将蜂蜜和白酒一并加入蜂花粉提取液中，继续搅拌 4 ~ 5 小时，然后加入活性炭 2 千克，搅拌均匀，静置 2 ~ 3 天。

（3）过滤　用板框抽滤获得澄清酒液。

（4）调整酸度　用柠檬酸将酒的酸度调制为 0.45% ~ 0.5%，用香精调到合适的口味。

（5）灌装入库　分装贴标签，检验，入库。

5. 休闲食品类

随着生活水平的不断提高，国人食品结构发生巨大改变，休闲食品已经成为消费新宠。据了解，我国糖点休闲食品市场销售收入已经达到2 000亿元，但人均消费量还是远远落后于发达国家，未来的增长潜力巨大。蜂花粉营养价值丰富，蛋白质含量高，在休闲食品的加工中将其作为主料或辅料添加制成的蜂花粉休闲食品将受到人们的青睐。下面以蜂花粉硬糖的生产为例加以说明。

成分配比：

蜂花粉　10千克	葡萄糖　45千克
白砂糖　45千克	香精微量
蒸馏水适量	

制作工艺：

（1）蜂花粉预处理　用75%的酒精浸提、干燥过筛。

（2）溶糖　采取热溶法，在锅中加入配料为总干重0.3倍的蒸馏水，加热到80℃左右，加入白砂糖，不断搅拌完全溶解后过滤。

（3）熬糖　采用真空连续熬糖，要求真空度达到0.09兆帕左右，蒸汽压0.5 ~ 0.6兆帕，糖浆温度136 ~ 142℃。

（4）冷却　将熬好的糖液倒在冷却台上，加入香精翻拌均匀。

（5）加入蜂花粉　当糖液冷却至半固态时摊开，将蜂花粉包入芯中，放在保温床上滚动，使糖体成型。

（6）拉条　当糖体温度降至80 ~ 90℃时趁热拉条送入机器。

（7）压模成型　糖条进入机器后，由机器压模成型。冷却至40℃左右。

（8）包装入库　包装，贴标签，检验，入库。

五、我国蜂花粉产业现状及相关标准

（一）我国蜂花粉产业现状

中国是世界上花粉资源丰富的国家之一，花粉资源遍布各地，约1亿公顷的耕地上有作物粉源植物4 566万公顷，占耕地面积的46%；在1.2亿公顷森林中，主要森林粉源植物379万～477万公顷，占森林面积的3. 2%～4. 2%；在3. 33亿公顷草原中生长着大量的粉源植物，散生的各种森林粉源植物数量相当可观，更重要的是我国多数地区全年均有粉源植物开花泌蜜，为蜂花粉的开发和利用提供了丰富的资源。

我国在花粉的开发利用上有雄厚的物质基础。早在古代，我国人民对蜂花粉的功效就有一定的认识，《神农本草经》等著作对花粉的药用、食用效果做了很多记载。2 200多年前，战国大诗人屈原在《离骚》中就有“朝饮木兰之坠露，夕餐秋菊之落英”之说，这里的“落英”即落花。1502年苏州出版的农家日用手册《便民图纂》中的“干蜜法”就是制作花粉蜂蜜浆的好方法：每5千克蜂蜜中加0. 5千克花粉，先将蜂蜜在砂锅中炼沸，等滴水不散时将花粉加入即成。《便民图纂》是明代弘治年间吴县知县根据前人未署名作品《便民纂》改编而成的，可见我国食品花粉蜜制剂早于宋代，到了明代已成为民间食品了。清代王士雄著《随息居饮食谱》记述松花粉糕点制作法：将白砂糖加水熬炼好后加入松花粉；清代《市京岁时记胜》和《燕京岁时记》中记载有松花粉做的糕饼：榆钱糕、玫瑰糕、藤萝花粉饼、九花饼等。《新修本草》是唐显庆四年（659 年）官方颁布的我国第一部药典，“酒服松黄”，把花粉与酒联系在一起，花粉可作为上等酒曲，也可以将花粉加入酿酒原料中，或将花粉浸酒后饮用。这些都充分说明花粉在我国古代食品和药品中占有重要的位置。

20 世纪 80 年代，我国关于花粉的研究进入了开发应用阶段，得到了一定的发展。在 20 世纪 90 年代初，我国已有 7 种花粉药品获准字号批准生产，其原料花粉需求每年在300吨以上，是我国原料花粉的主要加工产品。同时期，我国市场上开始出现一些花粉化妆品，如花粉营养霜、花粉菁华养颜霜、花粉菁华赋活露、花粉沐浴露、花粉洗发精、花粉洗面奶、花粉爽身宝。

虽然资源丰富，但是随后几年我国蜂花粉发展历程却十分艰难，经历了数次起伏，包括安全性、花粉过敏、产业造假等。1983 ~ 1987 年，蜂花粉初级产品掀起了花粉热，代表产品有北京的“花粉健美酥片”、云南的“花粉仙人巧克力”和杭州的“花粉口服液”。但卫生管理部门一直质疑蜂花粉的安全性，1988 年，舒仲花粉等产品陆续取得卫生部“新资源食品”的认证，才打消了消费者的顾虑。随着健康产业的飞速发展，1993 年，有一些媒体炒作花粉过敏，将花粉产业打压至低潮。1995 年，保健食品大发展，又一次带动了花粉食品的新高潮。1996 年，“中华鳖精”“燕窝”产品造假被中央电视台曝光，连累了整个保健食品行业，消费者认为保健食品都是骗人的红糖水，诚信缺失，以致全体保健食品均陷入低谷，花粉产品也不例外。

综观蜂花粉行业发展史，我们应该认真总结经验和教训，正视行业的现状。第一，必须承认，蜂花粉的保健功能远未被人们认识。令人欣慰的是，对蜂花粉的研究工作，领先其他保健食品。第二，不少人误认为，花粉过敏，不安全。这方面需要加强宣传。第三，一些媒体不负责任，妄称花粉会使儿童性早熟。第四，作为一个新事物，推广工作存在难度，不会一蹴而就，还应坚持不懈。第五，整个花粉产业还太弱小，需做强做大，创造名牌产品。

近些年，蜂花粉已经成为我国大宗蜂产品之一。2010 年以来，我国每年生产蜂花粉约 6 000 吨，1/3 作为蜜蜂饲料，蜂农自用；1/3 作为药品、保健品、食品原料；1/3 供出口。2009 ~ 2014 年我国蜂花粉进出口统计见表 4–1。

表 4–1　2009 ~ 2014 年我国蜂花粉进出口统计

年份	进口		出口	
	数量(千克)	金额(千美元)	数量(千克)	金额(千美元)
2009	347	18	842 656	2 915
2010	596	34	1 629 619	5 475
2011	1 828	95	1 787 153	8 950
2012	3 957	200	1 601 128	8 006
2013	4 012	212	1 472 157	6 856
2014	4 047	224	1 807 907	9 202

世界公认，保健产业和信息产业是 21 世纪的两大朝阳产业。美国经济学家保罗·皮尔兹指出，继个人计算机和网络产业之后，随着生物和细胞生化科技的突破，引发全球财富第五波的将是未来的明星产业——健康

（保健）产业。并且，这波财富的核心区域可能在中国。初步统计，2008年我国保健品行业总产值达到70亿左右，同比增长13%。从全球来看，我国发展营养健康产业，除了具有原料来源丰富多样、相关基础产业门类齐全、加工能力较强、市场需求巨大等条件外，特别突出的优势是拥有数千年中医药学坚实的理论和实践基础，拥有对食品、药品、养生、保健、医疗相互关系的深刻理解。在全球经济和产业竞争格局中，营养健康产业应是我国相对来说具有较多自主知识产权、较强自主创造能力和国际竞争优势的"朝阳产业"和"支柱产业"，是我国目前所拥有的少数有较多"话语权"的产业。从目前我国万余种保健食品分析，具有纯天然、含有生命生长所需全部营养素的保健食品特点的，唯有花粉类产品，它是最具生命力的营养食品。观其前景，花粉类保健食品的市场占有率理应为保健食品市场的30%～40%，理应是行业的第一产品。保守估计，不久的将来，花粉产业将成为我国优势产业，在国际市场上独占鳌头。其产业规模将超过传统工业，真正做到中国的蜂花粉要为全人类的健康服务。

蜂花粉产业发展的关键主要有两点：一是以科研、技术发展为基础；二是行业整体推进管理现代化，提高蜂花粉行业市场竞争力。对蜂花粉的科研工作应注重深入研究功能因子，创造条件，开展蜂花粉功能因子的分子生物学研究工作。蜂花粉产业应创造更多的名牌产品，营造这样一种气氛，想吃保健食品、营养食品，就吃蜂花粉产品。除品牌的培育外，根据蜂花粉产业的特点，从多个角度入手，逐步发展地理标志产品、有机食品、绿色食品、营养食品、清真食品、植物型健康食品和膳食补足剂，从而扩大市场占有率。

（二）我国蜂花粉相关标准

蜂花粉国家行业标准最初于1989年发布，后调整为行业标准《蜂花粉》（GH/T 1014—1999），但该标准信息不全，对规范蜂花粉行业作用并不大。蜂花粉质量安全关键在于原料生产，该标准也没有规范蜂农生产蜂花粉的相关标准。国家标准委于2013年公布了蜂花粉GB/T 30359—2013国家标准见表4-2，此标准由杭州澳医保灵药业有限公司和国家轻工业食品质量监督检测杭州站申请并负责制定，新标准适用于工蜂采集形成的团粒（颗粒）状蜂花粉或碎蜂花粉，不适用于破壁蜂花粉及以蜂花粉为原料加工成的产品。本标准与《蜂花粉》GB/T 11758—1989相比主要变化如下：蜂花粉的质量等级由三个等级改为两个等级；删除了过氧化氢酶、维生素C等市场不可控及不稳定指标；理化指标中增加脂肪、总糖、黄酮类化合物、酸度、过氧化值指标；修订了蛋白质、水分、灰分、单一品种花粉率的检测方法；包括范围、规范性引用文件、术语和定义，蜂花粉生产条件、生产过程控制及包装、标识、储存、运输的技术要求。生产条件包括蜂农、蜂场管理、蜂种、蜂群、放蜂场地、蜂具、包装材料。蜂花粉是蜂农饲养蜜蜂采集蜜粉源植物花粉生产的，所以蜂农必须身体健康，持有养蜂证，具备养蜂生产知识与蜂花粉生产技术，并经蜂产品安全与标准化生产技术培训，按相关的国家标准要求规范养蜂生产。蜂场管理包括建立养蜂日志、养殖档案，对产品进行标识，实行可追溯性管理。放蜂场地应选择周围3千米有丰富粉源植物及生态条件良好、确保蜂花粉质量安全的地方。生产过程控制包括采粉群管理及生产工序。

表 4-2 蜂花粉国家标准 GB/T 30359—2013

项目	样品	要求	
感官要求		团粒（颗粒）状蜂花粉	碎蜂花粉
	色泽	呈现各种蜂花粉各自固有的色泽	
	状态	不规则的扁圆形团粒（颗粒），无明显的沙粒、细土，无正常视力可见的外来杂质，无虫蛀、无霉变	能全部通过 20 目筛的粉末，无明显的沙粒、细土，无正常视力可见的外来杂质，无虫蛀、无霉变
	气味	具有该品种蜂花粉特有的清香气，无异味	
	滋味	具有该品种蜂花粉特有的滋味，无异味	
理化指标		一等品	二等品
	水分（克/100 克）	≤ 8	≤ 10
	碎蜂花粉率（%）	≤ 3	≤ 5
	单一品种蜂花粉率（%）	≥ 90	≥ 85
	蛋白质（克/100 克）	≥ 15	

蜂花粉是蜂群重要营养源，工蜂采集花粉主要是饲喂幼虫，商品蜂花粉是获取过剩的蜂花粉。所以要保证采粉群蜂王产卵的积极性（最好换新王），有足够空脾供蜂王产卵，群势中等；既有一定量的哺育蜂，又要有足够的外勤蜂。只有蜂群有大量幼虫脾，工蜂采粉积极性高，才能获取较多蜂花粉。本标准要求提出，采粉群休整充分体现专家提的动物福利创新观点。当外界粉源减少或外界粉源受污染，蜜蜂农药中毒时，应及时停止蜂花粉生产。这既有利于蜂群休养生息，又能保证蜂花粉质量安全。生产

工序必须重视蜂具清洁卫生。蜂箱都是露天放置，前壁和巢门板往往粘着泥沙，而脱粉器安装在巢门口。因为蜂花粉是可直接入口的蜂产品，所以在脱粉前应擦净上面附着的泥沙，防止污染蜂花粉。再是接粉器直接放地面，接粉器底部往往粘着地上杂物，在采收蜂花粉时，容易掉进蜂花粉里，所以在接粉器底部铺上布或纸，防止在倒粉时杂物污染蜂花粉。刚采下的新鲜蜂花粉，含水量高，团粒易黏结，容易发霉，所以要及时干燥，按照《蜂花粉》（GB/T 30359—2013）要求，水分≤ 10%。目前，南方在秋季生产茶花粉，直接将新鲜茶花粉冷冻，保持蜂花粉活性成分，适合特殊人群需要。

对于蜂花粉产业的发展，一要广大蜂农组织蜂花粉的生产，加强养蜂联合体管理，提高蜂产品的质量和整体的管理水平；二要加强企业与科研的产学研合作，不断开发适销对路的高附加值产品，提高蜂花粉产品的档次；三要推广与扩大蜂花粉的应用领域，从而充分利用我国蜂花粉的资源优势；四要加强特种植物的蜜蜂授粉产业的研究和发展，共同建立并维持长期稳定繁荣的蜂花粉产业。

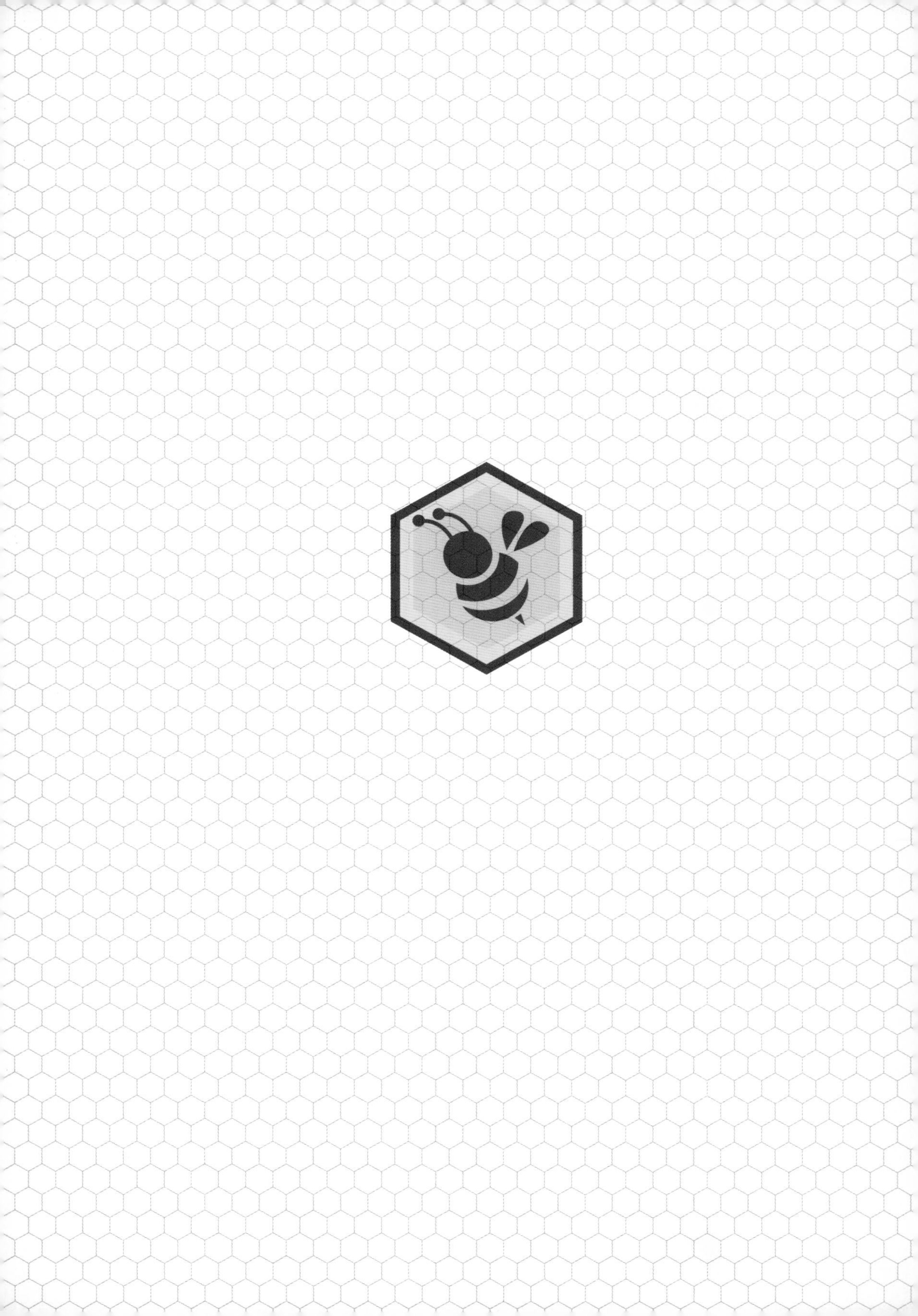

专题五

蜂毒产品的加工技术

蜂螫治病在中国由来已久，公元前 2 世纪《黄帝内经》中即有“病生于内，其治宜毒药”的治疗原则，民间称为“以毒攻毒”。20 世纪 60 年代以来，运用生物化学分析技术结合药理研究，已逐步揭示出蜂针液的作用与活性成分。本专题详细介绍了蜂毒的化学成分、生理功能以及加工技术，同时也简单介绍了我国蜂毒产品加工行业现状及相关质量标准。

一、蜂毒简介

蜂毒（Honeybee venom）是工蜂毒腺和副腺分泌出的具有强烈刺激性、苦味的一种透明液体，也有一定的芳香气味，储存于毒囊中，蜇刺时由螫针排出，见图 5-1。工蜂的毒液主要用于防御其他动物对其本身或其巢穴的侵犯。

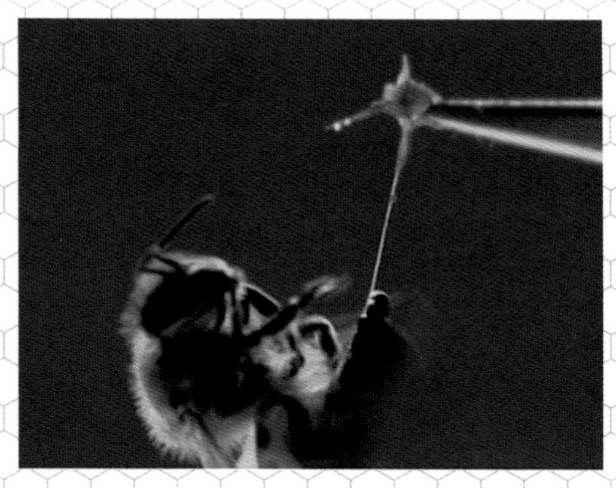

图 5-1　蜜蜂蜂针和蜂毒（吴帆　摄）

当工蜂的螫针刺入异体后，尾部和螫针上下滑动，使螫针越刺越深，伴随着节奏性收缩，将毒液不断注入被刺的体内。一般每只工蜂能排出 0. 3 毫克左右的蜂毒，生长到 18 日龄后毒液量不再增加，毒腺细胞开始退化萎缩，但蜂毒始终储存在毒囊中。另外，一只蜜蜂的毒液从毒囊中排出后，就没有毒液补充。蜂毒中含水量为 80% ~ 88%，干物质中蛋白质类占 75%，灰分占 3. 67%，pH 为 5. 0 ~ 5. 5，密度为 1. 131 3 克 / 厘米^3。

蜂毒溶液较不稳定，干燥的蜂毒稳定性较强，新鲜的蜂毒在常温下很快挥发成为胶样块状，干重仅占液体重的 30% ~ 40%。蜂毒干粉极易溶于水、酸和甘油，不溶于乙醇。精制干粉在 4℃下可保存数年，活性质量发生变化。蜂毒可被氧化物和消化酶类所破坏，在胃肠消化酶的作用下很快失去酶活性，这是因为蜂毒中很多生物活性成分为肽类物质，容易被蛋白酶分解破坏。蜂毒干粉对人体的口腔黏膜、眼角膜和鼻黏膜有强烈的刺激作用。

小知识

蜜蜂刺针尖端带有倒钩，蜜蜂蜇人后，刺针的倒钩挂住人的皮肤后便拔不出来，但蜜蜂又必须飞走，一用力，就把内脏拉坏甚至脱掉，因此蜜蜂蜇人后一般都会死掉。

蜂毒有活蜂蜇刺法及蜂毒注射法两种。活蜂蜇刺法：每次用 1 ~ 5 只蜂，用手捏住蜂头，将蜜蜂尾部贴近患处皮肤，使之蜇刺，约 1 分后，将蜂移走，拔出蜂针，第 2 日或隔日再进行蜇刺。蜂毒注射法：选用患处痛点、穴位及四肢穴位皮内或皮下轮换注射，用量从每次 1 ~ 3 蜂毒单位（每 1 蜂毒单位含蜂毒 0. 1 毫升）开始，后逐日增加 1 ~ 2 蜂毒单位，直至每天 10 ~ 15 蜂毒单位，再逐日下降到每天 3 ~ 5 蜂毒单位，维持 1 ~ 2 个月，每疗程总量 200 ~ 300 蜂毒单位，间歇 3 ~ 5 天进行第二个疗程。

蜂毒包含多种分子量大小不一的多肽和蛋白，具有多种药理和生物学活性，其组分复杂。目前，科学家研究发现许多蜂毒的毒蛋白在抗炎、抗癌、抗菌、抗辐射和杀虫等方面具有很好的效果。此外，蜂毒中主要酶类的高级结构已获得解析，成为其他蛋白高级结构预测的模型。

二、蜂毒的主要化学成分

蜂毒主要是由多肽类、脂类、活性酶类、生物胺类、糖类和其他挥发性物质以及各种游离氨基酸等多种成分组成的复杂混合物。已知蜂毒含有约 60 种酶类，主要有酸性磷酸单脂酶、透明质酸酶、磷脂酶 B、磷酸酯酶 A2 等；多肽类有蜂毒明肽（Apamin）、溶血肽（Melittin）、肥大细胞脱粒肽（Mast cell degranulating peptide，MCDP）、心脏肽（Cardiopep）、镇静肽（Secapin）、托太品（Tertiapin）、阿托拉品（Adolapin）、组胺肽（Procamine）、蛋白酶抑制剂等；生物胺类有多巴胺、组胺、去甲肾上腺素等；其他物质还有果糖、脂类（如乙酸异戊酯）、葡萄糖、胆碱、甘油、蚁酸、磷酸、脂肪酸、游离氨基酸等。

（一）活性酶类

1. 透明质酸酶（Hyaluronidase，Hya）

1940 年首次发现蜂毒中存在透明质酸酶。Hya 是蜂毒中的一个主要过敏原，分子量为 40 746 道尔顿，是蜂毒中相对分子量最大的组分，干重占蜂毒的 1% ~ 3%。Hya 属于糖蛋白，是催化透明质酸 β-1,4- 糖苷键水解产生的一种 β-N- 乙酰 -D- 氨基已糖苷酶，具有加快蜂毒在局部组织间扩散和渗透的作用，在药学、医学、生物膜离子通道研究等方面具有重要作用。Hya 是蜂毒中的扩散因子，使细胞之间的透明质酸发生水解，细胞间出现空隙，蜂毒中的其他组分可以顺利进入机体组织。虽然 Hya 本身无毒性，但它能增强毒素对细胞组织的损伤作用。

2. 磷酸酯酶 A2（Phospholipase A2, PLA2）

PLA2 是一种糖蛋白，占蜂毒干重的 10% ~ 12%。PLA2 含有 128 个氨基酸残基，碳水化合物共价结合于其肽链的第 13 位点的天冬酰胺上，属于 N- 聚糖类型。PLA2 能使卵磷脂分解成溶血卵磷脂，后者可导致细胞溶解，具有间接溶血功能，被称为“间接的溶血毒素”。同时，它还具有催化磷脂脂酰键水解、破坏细胞膜上磷脂层活性的功能，因此 PLA2 是研究生物膜、脂蛋白中磷脂等结构的重要工具酶，是用于肿瘤、心血管疾病等治疗的重要成分，也可用于医药食品工业中卵磷脂、油脂的深加工。蜂毒中的溶血肽可以增强 PLA2 的活性。PLA2 可以释放组胺，其作用机制是产生的溶血卵磷脂使肥大细胞内颗粒与细胞膜融合，释放出组胺。PLA2 本身无毒性或毒性很小，主要起协同溶血肽的作用。这种协同作用是一个非常有效的细胞溶解机制，对蜜蜂而言在生理上也是很重要的。由于其分子量较大（20 000 道尔顿），是蜂毒中最主要的过敏原，受蜂螫刺的人发生过敏反应是由这种物质在体内产生的抗体引起的。另外，有研究表明 PLA2 能有效提高阿尔茨海默病早期的认知能力。

（二）多肽类

1. 蜂毒肽（Melittin）

蜂毒肽又称为溶血肽，是蜂毒的最主要成分，是一种碱性蛋白质，含量也相当高，占蜂毒干重的 40% ~ 60%。Melittin 由 26 个氨基酸残基组成，中间区域具有19个疏水性氨基酸残基，因其分子中存在3个精氨酸残基和2个脯氨酸残基，使其成为一个强碱性肽，分子量为2 840道尔顿。Melittin在水溶液中表现出形成不同寡聚体的倾向，主要以四聚体的形式存在。Melittin具有潜在膜活性，其寡聚体可在细胞膜上形成亲水性小孔，使胞内离子外流，引起渗透性改变，从而导致细胞组织的溶解。由于蜂毒肽分子结构的独特性，使其具有重要的生物学功能。例如，能引起血液红细胞溶血，促使肥大细胞释放组胺，刺激皮质激素释放而产生抗炎、抗辐射作用，在医学上对艾滋病和肿瘤的防治有重要作用，另外在生物农药的开发方面也具有重要意义。由于Melittin具有分子量小且能与钙调蛋白高度亲和的优点，被认为是研究钙调蛋白的模型肽。Melittin是迄今为止人类已知的抗炎活性最强的物质之一，其抗炎活性是氢化可的松的100倍。它具有类激素样的作用，但无激素类的副作用。Melittin的镇痛作用也比较明显，镇痛强度约为吗啡的40%，且镇痛时间持续较长，尤其是没有水杨酸类对消化道的刺激和甾体类的免疫抑制作用方面的副作用。Melittin具有抗病毒抗菌作用，能抑制20多种革兰阳性和革兰阴性细菌的生长繁殖，特别是可以抵抗对青霉素具有耐药性的金黄色葡萄球菌，这在细菌产生耐药性不断增加的今天引起了人们的特别关注。Melittin还能增强青霉素类和磺胺类药物的抗菌效果。以鸡血红细胞作为材料，采用多种生化分析技术研究蜂毒肽作用生物膜的机理，表明蜂毒肽可以抑制红细胞膜上的Na^{+}–K^{+}–ATP酶的活性，同时也抑制细胞内葡萄糖–6–磷酸脱氢酶的活性，证实Melittin与其他具有微生物抗性的多肽的抗菌作用途径不同。Melittin通过与膜结合的方式干扰细胞正常功能，同样也可破坏细菌胞膜达到溶菌的目的。蜂毒素及其 6 个衍生物都可以激活受 HIV 感染的 T 淋巴细胞的功能，抑制 HIV 复制，降低病毒的感染力。

2. 蜂毒明肽（Apamin）

蜂毒明肽的分子量为 2 035 千道尔顿，占蜂毒干重的 1% ~ 2%。蜂毒明肽由 2 个二硫键连接的 18 个氨基酸残基构成，是动物神经毒素中最小的一种神经毒素。Apamin 由含有 46 个氨基酸的明肽前体在蜜蜂毒腺中经过水解酶水解作用后，排到蜜蜂毒囊中储存。Apamin 可以影响细胞内钙离子代谢。因其在调节神经元活性中发挥重要作用而被认为是一种神经毒素。Apamin 能激活钾通道和阻断钙离子通道，并能穿透血脑屏障作用于中枢神经系统，产生强烈的神经毒素作用。低浓度 Apamin 可以通过调节肾上腺素的释放，增加学习和记忆功能，增加下丘脑的去甲肾上腺素、5- 羟色胺和多巴胺的含量，改善心脏功能，进而能预防全身性心血管衰竭等疾病。由于 Apamin 对一些受体具有较高的亲和力和特异性选择，因此蜂毒明肽还被用作药理学探针，以纯化离子通道蛋白和鉴定离子电流等。

3. 肥大细胞脱粒肽（Mast cell degranulating peptide，MCDP）

MCDP 是由 22 个氨基酸残基组成的多肽，分子量为 2 480 道尔顿，是一种碱性较强的肽，占蜂毒干重的 1% ~ 2%。MCDP 能使肥大细胞脱粒释放组胺，释放组胺能力比蜂毒明肽强 10 ~ 100 倍。MCDP 可以直接与肥大细胞膜上的钙通道蛋白的酸性侧链基团反应，开放钙通道，钙离子向细胞内流，使肥大细胞脱粒。MCDP 具有 2 种相互拮抗的生物学效应。一方面，低浓度的 MCDP 可以促使肥大细胞脱粒，进而引起炎症反应；另一方面，高浓度 MCDP 能使细胞脱颗粒沉淀，释放出组胺和 5- 羟色胺，具有明显的抗炎作用。MCDP 的这种抗炎活性比同剂量的氢化可的松、吲哚美辛、保泰松、新安替根或水杨酸钠强 2 ~ 100 倍。另外，MCDP 还具有较强的中枢神经系统活性，能阻断电压依赖性钾通道，是一种可诱发癫痫的神经毒素。试验表明，MCDP 能有效对抗试验性佐剂诱导的大鼠关节炎的发生，而且在病变发生后还能明显减少原发性和继发性的组织损伤。

4. 镇静肽（Secapin）

Secapin 由 25 个氨基酸残基组成，二级结构中存在 1 个二硫键，位置为 Cys9—Cys20，其分子量为 2 750 道尔顿，占蜂毒干重的 1%，也是一种碱性多肽。Secapin 的生物活性类似于蜂毒肽，具有消炎、降压、镇静、抗菌、降低体温等药理学活性。另外，Secapin 与其他的蜂毒成分同时使用可以有效治疗神经炎、风湿性关节炎、心脑血管等多种疾病。通过给小鼠皮下注射 Secapin，小鼠只会出现安静、竖毛和体温略有降低等现象。因此，科学家认为 Secapin 是目前蜂毒多肽中唯一没有毒性的多肽。

5. 阿托拉品（Adolapin）

Adolapin 占蜂毒干重的 1%，由 103 个氨基酸残基组成。Adolapin 具有强烈的镇痛作用，在前列腺素、角叉菜胶（卡拉胶）和佐剂性引起的大鼠后爪水肿以及在佐剂性多重关节炎中起到了显著的抗炎作用；在大鼠 Randallselitto 试验和小鼠醋酸扭体试验中均表现出镇痛作用，LD50（半数致死量）分别为 0. 016 毫克 / 千克和 0. 013 毫克 / 千克，该作用与抑制前列腺素合成酶有关。以前人们对蜂毒的研究多局限于对血液、神经、心血管等系统的直接作用而产生的抗炎、抗菌、抗高脂血、抗凝血、抗辐射等多种生物学功能。近年来研究发现蜂毒中的多肽类物质可能在机体免疫系统中起调节作用，可以通过刺激垂体—肾上腺轴系统，使血液中皮质醇激素水平升高，从而间接地影响机体免疫功能。

（三）生物胺类

1935年，科学家发现蜂毒中有多种组织胺存在。蜂毒中释放组胺成分有PLA2、MCDP和Melittin。Melittin通过毁坏肥大细胞和亚细胞结构而释放出组胺，MCDP通过发动（扳机作用）正常肥大细胞解体，使其中组胺被释放。MCDP释放组胺的能力为Melittin的10～100倍。PLA2能间接通过卵磷脂转变为溶血卵磷脂，溶血卵磷脂具有释放组胺作用。此外，蜂毒内尚有传递组织胺的物质即透明质酸酶，因而使其组胺样作用更加明显。组胺、5-羟色胺和乙酰胆碱是蜂蜇后引起疼痛的主要物质，其中5-羟色胺作用更加明显。组胺是蜂毒中的主要成分，其含量与蜜蜂日龄有关，在35～45日龄达到高峰。组胺毒性较低。另外组胺还能使毛细血管扩张，渗透增加，机体局部疼痛加重。

三、蜂毒的生理功能和应用

蜂毒是具有广泛的生理活性并经受长期临床实践考验的天然药物，在消炎、抗菌、镇静、抗辐射、降压、抗肿瘤及提高免疫力等方面具有较高的应用价值，特别是在治疗疑难杂症上常收到意想不到的效果。由于蜂毒具有特殊的生物学功能，近年来，国内外科学家已对蜂毒的主要成分磷酸酯酶A2、透明质酸酶、蜂毒肽、蜂毒明肽、肥大细胞脱粒肽和镇静肽等展开大量研究，并取得重要进展。

（一）对神经系统的作用

蜂毒是向神经性的，在大脑网状组织上具有阻滞作用和溶胆碱活性，并能改变皮层的生物电活性，尤其是蜂毒肽对 N- 乙酰胆碱受体有选择性阻滞作用，可使中枢神经系统突触内兴奋传导阻滞，并表现出中枢性烟碱型胆碱受体阻滞作用；蜂毒肽还能抑制周围神经冲动传导。

蜂毒肽能够提高疼痛阈，具有较好的镇痛作用，临床用于三叉神经痛、坐骨神经痛、偏头痛等，具有消炎止痛、活血化瘀、见效快、疗效可靠的特点；糖尿病患者并发糖尿病性神经病的发病率高达 60% ~ 90%，主要表现为对称性或非对称性的双下肢、上肢、全身肌肉呈针刺样、烧灼样痛，感觉异常，有蚁走等症状。临床应用蜂毒治疗后，效果良好，认为与蜂毒具有扩张血管、改善血小板凝集性、减少糖蛋白沉积作用有关。蜂毒的抗凝和纤溶作用证明，蜂毒在体内促进血液纤溶活性强化，消除血栓形成前状态，对脑卒中后遗症、老年性痴呆有较好的治疗作用。老年性痴呆的发病率逐年增多，国内外尚无特效药物，研究认为蜂产品及蜂毒能清除体内自由基，增加脑部血液循环，改善脑部功能，调节神经系统紧张度，使脑皮质活动正常化，调整物质代谢，从而促进神经本身的修复功能。此外，蜂毒制剂对神经根炎、神经根神经炎、神经丛炎、面神经麻痹、颈椎病、癌性神经痛等神经系统病变均有较好的治疗效果。

（二）对心血管系统及血液的作用

蜂毒有明显的降血压和扩张血管的作用。小剂量能使实验动物离体心脏产生兴奋，大剂量则抑制心脏功能。体内外实验证明蜂毒能促进细胞组胺的释放。蜂毒中释放组胺的成分有 Melittin、PLA2、MCD- 多肽。Melittin 破坏肥大细胞释放出组胺；PLA2 促进卵磷脂转变为溶血卵磷脂，后者使肥大细胞内颗粒与细胞膜融合，释放出内容物；强碱性的 MCD- 多肽可直接与肥大细胞膜上的钙通道蛋白酸性侧链基团发生反应，导致钙通道开放，钙向细胞内流动，使肥大细胞脱颗粒。MCD- 多肽释放组胺的能力为 Melitttin 的 10 ~ 100 倍。浓度为 $1\times$（10^{-8} ~ 10^{-7}）摩尔 / 升的 MCD- 多肽离体实验，可使大鼠腹腔肥大细胞中 50%的组胺释放。

蜂毒具有溶血和抗凝血作用，治疗时极小剂量可引起溶血反应；较大剂量使血液凝固时间明显延长；蜂毒直至稀释为 1/10 000 时，其溶血作用才消失。蜂毒的溶血成分主要为 PLA2 和 Melittin，其中以 Melittin 的作用最强。机制是胶体渗出性溶血，即 Melittin 使红细胞壁通透性增强，胞内胶体大量渗出，红细胞因内部渗透压降低而破裂。另外，蜂毒还具有降低血栓素的功效，在改善微循环的基础上起缓解关节症状的作用。

蜂毒中的磷酸酯酶 A2 具有降压作用，这是通过组织胺的释放改变外周阻力来实现的。据报道，蜂毒可治疗症状性高血压和高血压病，对于更年期症状性高血压有良好的治疗作用。此外，蜂毒对心绞痛、血栓闭塞性脉管炎、动脉粥样硬化等心血管系统疾病也有一定疗效。

（三）对消化系统的作用

目前研究较多的是蜂毒对大鼠实验性肝纤维化的影响，利用活蜂按经穴蜇刺治疗乙型肝炎和丙型肝炎引起的早期肝硬化有较好的效果。辛氏实验用四氯化碳造成大鼠肝纤维化模型，实验组在肝纤维化之前给药，6 个月后发现Ⅰ～Ⅲ级纤维化占69%；而治疗两组在肝纤维化完全形成后给药，3个月后发现Ⅰ～Ⅲ级纤维化分别占54.5%和66.7%，明显轻于模型组。提示蜂毒有抗肝纤维化和吸收肝纤维化作用，但其作用机制还需进一步研究。

（四）对免疫系统的影响

蜂毒对免疫系统具有直接抑制作用。Melittin 和 Apamin 能降低使小鼠产生溶血素的腺细胞的数量。但是小鼠去肾上腺后，蜂毒对其免疫系统呈现刺激作用。从而可推理出 Melittin 和 Apamin 是通过刺激肾上腺的相关皮质，增加了皮质激素的分泌，达到抑制免疫的目的。

（五）抗炎镇痛作用

蜂毒中的单体多肽是抗炎的主要成分，它具有类激素样的作用，但无激素的不良反应。全蜂毒、溶血毒多肽、神经毒多肽、MCD-多肽均能刺激垂体—肾上腺系统使皮质激素释放增加而产生抗炎作用。溶血毒多肽还能抑制白细胞的移动，从而抑制局部炎症反应。蜂毒镇痛作用特别显著，尤其是对慢性疼痛更为有效。蜂毒肽对前列腺素合成酶的抑制作用是吲哚美辛的70倍，故有较好的镇痛抗炎作用，镇痛强度为吗啡的40%，是安替比林的68倍，镇痛作用的持续时间亦较长，但无水杨酸类对消化道的刺激和甾体类的免疫抑制作用。另外，阿托拉品是20世纪80年代从蜂毒中分离出的一种抗炎镇痛多肽，对后足角叉菜胶水肿和前列腺素E水肿有强力抗炎作用，其对脑前列腺类合成酶的抑制作用约为消炎痛的70倍。

这种抑制作用是产生抗炎作用的基本机制。

（六）抗肿瘤、抗菌和抗辐射作用

蜂毒对淋巴瘤、肉瘤都具有抵抗作用，对 Rous 肉瘤和 Hela 细胞均有抑制作用。蜂毒的抗肿瘤成分主要是 Melittin 和 PLA2，通常认为两者能使细胞线粒体膜溶解，使细胞的正常呼吸受到抑制，因而肿瘤组织氧化磷酸化的过程受到抑制，氧化供能被破坏，导致肿瘤组织生长抑制。蜂毒能抑制 20 ~ 30 种革兰阳性和革兰阴性病原微生物的生长繁殖，并能对抗对青霉素耐药的金黄色葡萄球菌，还能增强磺胺类和青霉素类药物的抗菌能力。蜂毒的辐射防护效应主要作用是引起神经内分泌反应，增强机体抗辐射作用。现已有很多关于蜂毒抗 X 射线、抗 γ 射线作用的报道。

（七）用于治疗风湿性和类风湿性关节炎

目前，非甾体类药物配合甾体类药物是治疗风湿性和类风湿性关节炎的主要措施，这些药物可以短期抑制炎症发展或减轻症状，但不能收到长期效果。而且，长期应用这些药物会引起胃肠溃疡、肾脏受损等一系列副作用。自 18 世纪以来，关于蜂毒治疗风湿病和类风湿病的报告已屡见不鲜，至今尚未见一例否定蜂毒对其疗效的报道。蜂毒中的多肽具有抗炎作用，能降低毛细血管的通透性，抑制白细胞运动，抑制前列腺素 E2 的合成，并能兴奋肾上腺皮质功能，临床常用于治疗风湿性和类风湿性关节炎。蜂毒治疗风湿性关节炎和类风湿性关节炎，具有起效快、疗效可靠、耐受性好等特点。蜂毒对垂体—肾上腺皮质系统有明显的兴奋作用，能使肾上腺皮质激素和促肾上腺皮质激素释放增加，起到抗风湿、抗类风湿关节炎作用。

（八）用于治疗支气管哮喘

支气管哮喘是一种常见的发作性变态反应性疾病。由于发作时支气管痉挛，患者有明显的呼吸困难，并可听见喘鸣音而得名。国外杂志曾报道，对 280 例哮喘者进行蜂蜇、蜂毒注射，结果表明疗效良好，哮喘发作停止，呼吸困难减轻，全部患者自觉蜂毒有祛痰作用，远期有效率达 80%。长期的临床实践证明，蜂毒治疗支气管哮喘等变应性疾病用量宜轻，单纯性哮喘和小儿哮喘经蜂毒治疗的效果优于有并发症成人。

（九）用于治疗其他疾病

蜂毒还可以治疗红斑性狼疮、带状疱疹、硬皮病、枯草热、血管神经性水肿、血管舒缩性鼻炎、痉挛性结肠炎、牛皮癣、遗尿、痛风、甲状腺功能亢进、白塞病、妇科炎症、溃疡病、更年期综合征等疾病。德国采用蜂毒破坏患者体内艾滋病病毒的促进剂对病毒的转录，从而根除了病毒扩散体系。研究证明，蜂毒可减少 70% 的基因转录，使病毒的产生减少 99%。蜂毒的优势是直接从内部抑制病毒的产生。

（十）毒性和不良反应

虽然蜂毒治疗量与中毒量、致死量之间有很大距离，但毕竟是一种昆虫类毒素，因而不同年龄、性别的人对其敏感性有所不同，尤其是儿童、老人和妇女。蜂毒中磷酸酯酶 A2、透明质酸酶有很强的致敏性，局部过敏较强烈，有全身荨麻疹神经性水肿，少数患者在治疗初期伴有低热或淋巴结肿大等全身反应，经治疗一段时间后症状消失，国内临床有过敏致死的报道。蜂毒还有溶血作用，能发生溶血性贫血、急性非淋巴细胞白血病、紫癜，另外还有肾脏损伤、迟发性超敏感性反应、急性多发性神经炎、视神经炎等报道，而且还可能致畸致突变。如果蜇刺过敏，尤其是过敏性休克，必须及时抢救，以免造成严重后果。

四、蜂毒生产加工工艺和技术

（一）活蜂螫刺

由于蜂毒含量较少，而且在加工过程中容易导致部分活性物质丧失功能，所以医学上可以直接用活蜂蜇刺治疗一些疾病，见图 5-2。治疗前先用肥皂、温水将被蜇部位洗净，用无齿镊轻轻捏住蜜蜂的腰腹部，将其尾部放入受蜇处，待蜇入后，再用手指轻轻挤压其腹部，以促使蜂毒尽量注入人体。可每天分 3 次蜂蜇 12 下，每次 4 下。第一下蜇后 30 秒内将蜂针拔出，观察 30 分，如无严重过敏反应，即可进行治疗。每蜇一下，留蜂针 0. 5 ~ 1 分，拔出后停 1 分才能蜇第二下。每做完一次治疗后，患者在床上或椅上躺坐 10 分左右，再进行第二次治疗。

图 5-2　活蜂蜇刺治疗疾病

本疗法主要通过患者接受蜜蜂蜇刺，使蜂毒进入人体，以达到防治疾病的目的。经过现代医药学家的研究，已证实蜂毒有治疗作用，使本疗法得到了科学的肯定。

（二）蜂毒的采集和提取

1. 蜂毒提取工具

电取毒器主要构件是：木框架、栅状电网、尼龙布、玻璃板、电线、开关、电池盒等。木框架长 41 厘米、宽 27 厘米、高 1.2 厘米，玻璃板长 40 厘米、宽 26 厘米、厚 0.4 厘米，尼龙布长 43 厘米、宽 29 厘米，电线长约 4 米，开关 1 个，可装 20 节 1. 5 伏通俗干电池的电池盒 1 只。栅状电网用 14 号或 16 号不锈钢丝制造，将 2 根钢丝拉直平装在木框上，相间距离为 6 毫米，呈平面陈列。2 根钢丝的一端分别接到电池箱的正负极上。当工蜂与任何两根钢丝同时接触时，电路即产生短路，工蜂受电刺激，开始进行蜇刺、排毒。

2. 蜂毒提取方法和操作方式

蜂毒的提取有间接刺激取毒法、麻醉取毒法、电刺激取毒法（图 5–3）等。间接刺激取毒法是最原始的一种取毒方式，取毒会导致蜜蜂死亡且毒量少，费工费时，不适于大量生产；麻醉取毒法较前一种方式先进，但取得的蜂毒用量不易控制，有时会对蜜蜂产生不良影响，以至形成灭亡。还有电刺激取毒法，它靠电取蜂毒器来帮助完成。电取蜂毒器式样较多，但原理和机关类似，有两个部门构成：一个部门是节制器，靠它发生断续电流刺激蜜蜂排毒；另一个部门是取毒器，包括由金属丝制成的栅状电网、紧绷其下的尼龙布和尼龙布下的玻璃板。

图 5-3 电取蜂毒过程

采蜂毒前，先将尼龙布紧贴在电网下绷紧固定，电网与尼龙布之间应不大于 2 毫米，然后把玻璃板放在尼龙布下面约 2 毫米处且固定在木框上。采毒时，把取毒器平放在蜂箱巢门口，接通电源，轻敲蜂箱，让工蜂爬上取毒器。工蜂一旦落到电网的任何两根钢丝上即可受电击，会把螯针刺入尼龙布，将蜂毒排在玻璃板上，蜂毒很快挥发成透明结晶。工蜂在受电击排毒时，发出报警信号引来更多工蜂冲向电网触电排毒，操作时应间歇通电，正常情况每通电 8 ~ 10 秒停电 10 秒，然后再通电，如此反复进行。

正常情况每箱采毒 5 ~ 10 分，当工蜂在电网上飘动不排毒时，即可另换一箱。换箱时应先让采毒蜂群安静 10 分左右，然后打扫电网上的蜜蜂，再搬走取毒器。正常每两箱蜜蜂为一组，用两个取毒器同时操作。每隔 3 ~ 5 天，能够采毒一次。移玻璃板于阴凉处，让蜂毒天然风干后用刀刮下即为粗蜂毒，置于玻璃瓶中，密封保存。尼龙布上的蜂毒可卷起放入塑料袋中扎口保存。收集干燥的蜂毒粗品见 5-4。

图 5-4　收集干燥的蜂毒粗品

3. 电取蜂毒时应注意的事项

电取蜂毒时应注意的一些重要事项：①取毒场地应选择人畜来往较少的蜂场，以免尘土影响蜂毒质量。操作人员与取毒用具要注意清洁卫生，尤其是取毒板要用酒精消毒，工作时要穿上防护服及防蜂面罩，不要吸烟和使用喷雾器。取毒时切忌打开蜂箱观看，一群蜂取毒完毕，应让蜜蜂安静 10 分后再撤走取毒器。②取毒时间应选在每个流蜜期结束时，因流蜜期取毒，工蜂在排毒的同时会吐蜜而污染蜂毒。取毒要选在气温不低于 15℃、风小的傍晚或晚上（但不要超过 23:00）进行。③取毒应选择壮、老年蜂较多的蜂群，因为幼蜂在取毒时容易因电击而受到伤害，也会减少取毒量。④蜂毒有强烈的气味，对人体呼吸道有强烈的刺激性，刮毒时应戴口罩。⑤取毒后的蜂群应适当奖励饲喂，补充营养，以及时恢复电击后蜜蜂的体质。另外，取过毒的蜂群也不宜马上进行转地，要休息 3 ~ 4 天，以蜂群“余怒消除”后再转地为好。⑥取得的蜂毒要装入深色瓶密封，置低温处保存。

（三）蜂毒深加工

为了扩大蜂毒在临床上的应用，国内外生产了不同剂型的蜂毒制剂，有注射剂、软膏制剂、片剂等。

1. 蜂毒精制粉末

目前蜂场生产的蜂毒，基本上都是用箱外或箱内电击取毒器采集的土黄色固体干蜂毒，一般杂质较少。可能混入的杂质主要有尘土、蜡鳞以及蜜蜂呕吐的花粉和蜂蜜等。根据蜂毒易溶于水、不溶于丙酮的特性，可采用水溶过滤、丙酮沉淀的方法分离混入的杂质。如果还要求脱除蜂毒中的脂类、酸类以及有色物质，可采用三氯甲烷萃取的方法进行精制。蜂毒精品要求较高，经反复精制得到的干燥精品有刺激性气味，可以长期保存。

图 5-5　蜂毒干粉

具体操作：将含杂质的蜂毒溶于10倍体积的蒸馏水中，用中性滤纸过滤，除去尘土、蜡鳞等不溶物；再加入10倍体积蒸馏水，按重量百分比加入0.5%活性炭吸附；用中性滤纸减压过滤，获得澄清溶液；把澄清溶液置于液—液萃取装置内，用三氯甲烷洗涤，除去脂类物质；然后加入1.5～2.0倍的丙酮，使蜂毒沉淀析出，经离心分离，去上清溶液，重复3次；最后用热风干燥处理，装瓶密封。

2. 蜂毒注射剂

蜂毒注射剂的特点是剂量准确，作用可靠，药效迅速，适于急用，用其他方法给药困难时，可选用注射剂。此外，注射液还可以使蜂毒发挥定向作用。

具体方法：把蜂毒用少量注射水稀释过滤，移至冰箱内冷冻，经过沉淀后除去蛋白质等杂质，在滤液中加盐酸普鲁卡因 2. 5 毫升，搅拌使其溶解，加注射用水至 1 000 毫升，再加 0. 01%活性炭搅拌，减压抽滤得到澄清液，灌封在玻璃瓶中，灭菌后即可使用。注意蜂毒必须经过冷藏沉淀并过滤除菌后才能灌装，否则会产生絮状物；稀释后的蜂毒注射液必须在 30 分内装罐、封口、灭菌。

3. 蜂毒软膏

蜂毒软膏治疗一些皮肤病效果显著，目前也有一定的开发市场。配方包括标准蜂毒 90 蜂毒单位、烟酸苄酯 0. 1 克、水杨酸龙脑酯 1. 5 克、烷基樟脑 3 克、氯仿 25 克，乳化剂基质加到 100 克，研磨均质后装瓶。

五、我国蜂毒产业现状及相关标准

（一）我国蜂毒产业现状

蜂毒具有较高的医用价值和经济价值。蜂毒对治疗神经痛、心血管疾病、变应性疾病有极好的疗效，还有美容驻颜的功效。在不影响蜂群正常繁殖和取蜜、取浆等原则下，每 20 群 5 天至少可取 1 克。由于国内收购蜂毒的厂家甚少，国内市场蜂毒的价格在 2 500 元 / 克左右（价格根据质量上下波动），国外价格则高出 10 倍以上。早在 1864 年苏联卢阔母斯（H. bnykomoknn）写有《蜂毒治疗》专著，英国、美国、德国等国，亦有不少关于蜂毒的论著。尤以美国布诺德（Byoadman）鼓吹蜂毒治疗作用较为激烈，这就是国外蜂毒价格极高的原因，如美国精密化学公司（Sngma）的纯品蜂毒价格为每克 3 500 美元。

另外，国内外至今没有解决取毒时不伤蜂、不吐蜜的难题，以至纯品极少，无法出售。我国有蜂群数量 900 万，如果运用优良仪器和合适的取毒方法，以每群年产蜂毒粗品 1 克计，每年可取到蜂毒纯品约 750 千克，其经济效益和获取的外汇更为可观。国外虽然在取毒器的质量上领先一步，但取毒时的劳动强度较大，因此投入取毒生产的蜂农总计不到 0. 1%，所以国际蜂毒总年产量只有 100 千克左右，这与实际需要量相差甚远。总体来说，国内和国际上蜂毒的生产量远远不能满足市场需求。

蜂毒肽有广泛的作用，但是由于其来源有限，且生产成本过高，已严重制约其应用。因此，降低成本，大量生产获得蜂毒肽成为解决问题的关键。作为获得手段，目前尚未见尝试用基因工程的方法生产蜂毒肽的报道，其原因可能是蜂毒肽对现在人们应用的所有基因工程表达系统都有致死性。

（二）我国蜂毒行业相关标准

由于蜂毒产业在蜂产品中的份额相对较少，目前还没有相应的蜂毒国家标准和商业标准，我国现行的蜂毒行业标准主要在感官状态和理化性质方面对蜂毒做了明确要求，见表 5–1。

表 5-1　蜂毒行业标准

<table>
<tr><th colspan="2">等级
项目</th><th>一等品</th><th>合格品</th></tr>
<tr><td rowspan="4">感官和组织状态</td><td>状态</td><td>呈松散的晶片状或针状</td><td>块状</td></tr>
<tr><td>颜色</td><td>米色、乳白色或浅褐色，色泽一致</td><td>褐色、深褐色</td></tr>
<tr><td>气味</td><td colspan="2">具有蜂毒特有的刺鼻芳香味，略带腥味</td></tr>
<tr><td>滋味</td><td colspan="2">有明显的苦味，回味略鲜</td></tr>
<tr><td rowspan="6">理化性质</td><td>水分(％)</td><td>≤ 6</td><td>≤ 10</td></tr>
<tr><td>活性蛋白质(％)</td><td>≥ 75</td><td>≥ 60</td></tr>
<tr><td>磷酸酯酶 A2 活性单位(％)</td><td>≥ 30</td><td>≥ 20</td></tr>
<tr><td>蜂毒肽(％)</td><td>≥ 60</td><td>≥ 50</td></tr>
<tr><td>水溶物(％)</td><td colspan="2">≥ 75 ± 5</td></tr>
<tr><td>溶血活性浓度(毫克 / 毫升)</td><td colspan="2">< 20</td></tr>
</table>

具体要求包括以下几点：第一，蜂毒的颜色应该是米色或者乳白色以及浅褐色，而且颜色要一致，达到这些标准的蜂毒就是一等品，而那些褐色或者深褐色的蜂毒制品，则只是合格品；第二，蜂毒的状态，松散的晶片状或者针状是质量最好的蜂毒，而那些块状的蜂毒则只是合格品，质量和功效比晶片状蜂毒要差一些；第三，蜂毒的气味有些刺鼻，但是带有特殊的香气，而且闻时感觉有些腥，另外用嘴品尝时会感觉有苦味存在，过一会儿回味时会感觉特别的鲜，只有符合这些标准的蜂毒才是蜂毒中的精品，是可以放心使用的对象。

专题六

蜂蜡产品的加工技术

在食品工业中，蜂蜡以其良好的塑形、脱离、成膜和防水、防潮湿、防氧化变质等特性，被作为食品业的重要原料及离型剂使用，可用作食品的涂料、包装和外衣。本专题详细介绍了蜂蜡的化学成分、生理功能以及蜂蜡相关产品的加工技术，同时也简单介绍了我国蜂蜡产品加工行业现状及相关质量标准。

一、蜂蜡简介

蜂蜡（又称黄蜡、蜜蜡）是由蜂群内适龄工蜂腹部的 4 对蜡腺分泌出来的一种脂肪性物质（图 6–1）。在蜂群中，工蜂利用自己分泌的蜡来修筑巢脾、子房封盖和饲料房封盖。巢脾是供蜜蜂储存食物、培育幼蜂和栖息结团的地方。因此，蜂蜡既是蜂群的产品，又是其生存和繁殖所必需的物料。

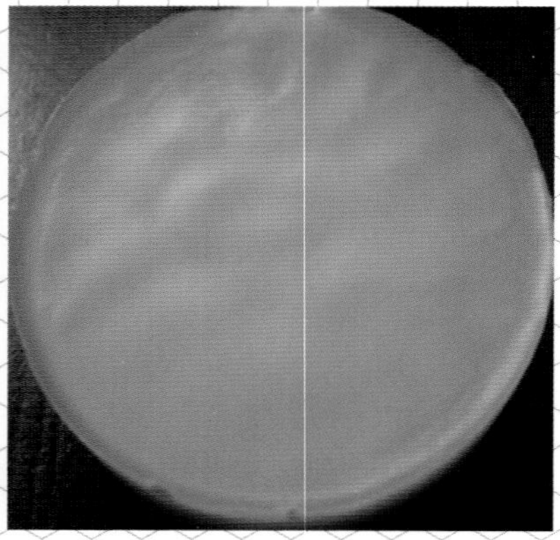

图 6–1　蜂蜡巢脾和融化制成的蜡盘（李爽　摄）

蜂蜡分为黄蜡和白蜡两种。纯蜂蜡为白色，通常所见蜂蜡多是淡黄色、中黄色或暗棕色等，这是由于花粉、蜂胶中存在的脂溶性类胡萝卜素或其他色素所致。常温下，蜂蜡呈固体状态，具有类似蜂蜜和蜂花粉味的香气。熔点随来源及加工提取方法的不同而不同，一般在 62 ~ 67℃。蜂蜡的折射率为 1.45 左右，相对密度（20℃）约 0.95 克 / 厘米^3，碘值 6 ~ 13

克/100克，皂化值75 ～ 110毫克/克，中蜂蜡的酸值为4 ～ 9毫克/克，西蜂蜡的酸值为15 ～ 23毫克/克。300℃时蜂蜡成烟，分解成二氧化碳、乙酸等挥发性物质。这时由于外界气温低，原蜡中含有诸多的杂物，会显现出特殊的气味。将原蜡以特殊的工艺予以去杂、脱色、去臭等处理，便可得到高品质的精制蜂蜡。

药用的黄蜡，多为不规则的块状，大小不一，表面呈黄色或黄棕色，不透明或微透明。表面光滑，触之有油腻感。体轻，能浮于水面，冷时质软脆，碎断面颗粒性，用手搓捏，能软化。有蜂蜜样香气，味甘性平，嚼之细腻而黏。不溶于水，可溶于醚及氯仿中。以色黄、纯净、质较软而有油腻感、显蜂蜜样香气者为佳。

蜂蜡在工农业生产上具有广泛的用途。在化妆品制造业，许多美容用品中都含有蜂蜡，如沐浴液、口红、胭脂等；在蜡烛加工业中，以蜂蜡为主要原料可以制造各种类型的蜡烛；在医药工业中，蜂蜡可用于制造牙科铸造蜡、基托蜡、黏蜡、药丸的外壳；在食品工业中可用作食品的涂料、包装和外衣等；在农业及畜牧业上可用作制造果树接木蜡和害虫黏着剂；在养蜂业上可制造巢础、蜡碗。

二、蜂蜡的主要化学成分

蜂蜡中的主要化学成分有酯类、游离脂肪酸、游离脂肪醇和碳水化合物。此外，还有类胡萝卜素、维生素A、芳香物质等。

（一）酯类成分

国内外文献中普遍认为酯类是天然蜂蜡的主要成分，总含量在70% ~ 75%，其中约有35%的单酯类，其余主要为羟基酯类。单酯类中棕榈酸蜂花醇酯最多，约占单酯类的23%，也有研究表明从天然蜂蜡中测得42%的油酸和软脂酸形成的酯类；含羧基的酯类中有羟基十六烷酸蜡醇酯7.5% ~ 8.5%、复酯8.5% ~ 9%、羧基酯3.5% ~ 4%。对天然蜂蜡进行皂化水解，就是将蜂蜡中含量较高的酯类成分分解，进而进一步提取纯化脂肪酸和高级脂肪醇。此外，酯类成分配合在化妆品的油相中使用，可以提高制品稳定性，调节膏体黏度，减少肌肤油腻感，也可作为增稠剂或可塑剂使用，这是天然蜂蜡具有广泛应用前景的重要原因。

（二）脂肪酸类

脂肪酸类成分直接影响天然蜂蜡的酸值，酸值的测定结果是评判蜂蜡质量的指标之一。另外，游离脂肪酸的含量是决定蜂蜡乳化性能的重要因素。有文献显示，西蜂蜡中的脂肪酸含量为28%左右，包含12%的游离态脂肪酸类和10%的羟基酸类。蜂蜡的脂肪酸组成主要是十六烷酸，即棕榈酸，又称软脂酸，是制取肥皂、蜡烛、润滑剂、漂洗液、柔软剂等轻工用品的原料。另外，各种不同结构的棕榈酸对脂肪族化合物的新陈代谢方式及产物都有所差异。经过婴儿营养科学研究证明，Sn-2棕榈酸（Sn-2 Palmitate）是一种几乎接近母乳结构的创新性脂肪替代物，满足了食物摄取单调的婴幼儿对多种独特营养的健康需求，易于被机体吸收利用，是婴儿理想的营养食品。

天然蜂蜡中用于化妆品的脂肪酸碳数一般在十二碳以上，且多为饱和直链结构。硬脂酸和棕榈酸的共融混合物接近于坚硬的蜡状非结晶物质，可作为化妆品中的赋形材料和脱模剂等；月桂酸和肉豆蔻酸具有优异的起泡性质，常用于制作洁面露和剃须膏；山嵛酸则可作为洗发香波的不透明化剂使用。对蜂蜡中单一脂肪酸组分进行分析检测，从而建立脂肪酸的定量方法，为蜂蜡的产品研发和制定以蜂蜡为原料的化妆品基料的品质管理体系提供了数据支持。

（三）高级烷醇

高级烷醇，即长链脂肪醇，指十二碳以上的饱和直链醇。在天然环境里高级烷醇的存在形式一般为结合态，存在于各种昆虫分泌的生物蜡里，其中以天然蜂蜡为原料制取的长链脂肪醇含量可达 12% ~ 23%，游离态的脂肪醇形式并不常见。脂肪醇类是天然蜂蜡的不可皂化部分，所谓不皂化物，是指油脂经碱皂化之后残余的油溶性成分，这些成分能溶于有机溶剂而不溶于水，例如油脂中的长链脂肪醇、烃类、甾醇、树脂等。国内外有关从天然产物中制备高级烷醇的主要提取技术有还原法、溶剂皂化法、超临界萃取法、分子蒸馏法等，其中皂化法是将天然产物中的酯类成分进行皂化水解，并通过先进的纯化分离技术得到较纯净的高级烷醇产品。皂化法工艺简单、仪器设备价格低廉、有毒物质排放量小等，能满足食药行业发展的需求。二十八烷醇是天然蜂蜡高级烷醇中重要的活性物质，早在 20 世纪 30 年代，美国伊利诺斯大学发现在小麦胚芽油中的二十八烷醇能够在一定程度上增强机体耐力，从此这种纯天然活性物质便受到各国学者的广泛关注。二十八烷醇俗称蒙旦醇，结构式为 $CH_3(CH_2)_6CH_2OH$，相对分子量 410.74，是一种白色半透明的片状晶体或粉末，无异味，可与苯、甲苯、石油醚、乙醚、氯仿等溶剂混溶。经过多年研究证实，二十八烷醇在生理调节方面显示出其独特的优势，其中多以提高机体耐力功能卓著，是国际公认的抗疲劳物质。除能增加体力外，对其更进一步的分析发现，二十八烷醇还有提高行动敏感性、改善能量代谢率、刺激性激素、促进脂肪分解等多种功效。将二十八烷醇添加到化妆品中，能赋予产品消炎、抗菌、防治瘙痒的功效，同时促进血液循环，活化肌肤细胞。此外，对二十八烷醇的急毒试验（半数致死量试验）证实了它的 LD50 值（小鼠口服）是食盐的 6 倍，说明其安全性比食盐还要高。其精子畸变实验和骨髓微核实验结果均呈阴性。同时二十八烷醇的使用量在接近 12%时就已显示出功能性，是食品工业中极具市场潜力的保健佳品。

（四）其他成分

烷烃，是一类仅由碳、氢元素构成的饱和烃，大多以 C—C 单键与 C—H 单键所构成，在天然蜂蜡中虽无明显药理活性，但市场上掺假蜂蜡的添加成分为石蜡，故对蜂蜡中的烷烃物质进行定量检测变得尤为必要。研究证实蜂蜡中碳数为 27 的烷烃物质含量（23.2%）最高，其次是二十五碳烷烃和二十六碳烷烃，其含量分别为 15%和 10%。利用有机溶剂提取天然蜂蜡中的黄酮类物质，采用紫外分光光度法对黄酮含量进行了测定，证实天然蜂蜡中含有黄酮类化合物成分，这为天然蜂蜡的抗菌抑菌及抗氧化性能提供了理论支持。

天然蜂蜡中还含有少量的甾醇类和内酯类物质，对天然蜂蜡中的油菜素甾醇类物质进行研究发现，在以蜂蜡为原料制备三十烷醇的过程中产生了一种杂质成分，此成分的化学结构与油菜素甾醇的结构相似。油菜素甾醇类物质可调节植物代谢，对农业生产贡献较大。通过质谱和液相色谱的精确分析，从蜂蜡里得到的油菜素甾醇与植物生长激素——油菜甾醇内酯具有相同的保留时间及谱图数据，其生长促进作用也与油菜甾醇内酯相似，说明天然蜂蜡具有潜在的农业应用价值。

三、蜂蜡的应用

（一）在化妆品领域的应用

近几年的化妆品市场逐渐开始追求纯天然、无刺激的研发理念，尽量减少化学合成物质在护肤产品中的添加量。天然蜂蜡作为一种乳化剂，正是以其天然温和以及独特的理化特性被广泛应用于乳液类化妆品领域，其价值得到了很好的体现。其乳化特性适用于冷霜、油膏的制作，是乳化制品中的重要油性成分之一。天然蜂蜡的美容机制一般体现如下：①耐湿。温度的变化对天然蜂蜡的影响不大，以其配制的美容产品可长时间保持最佳状态，在功效成分发挥作用的过程中能够保持其稳定性。②乳化互溶。天然蜂蜡可以和碱发生乳化反应，乳化后膏体稳定，也可与各种油质互溶，与其他成分配合使用质量稳定；长期存放效果良好。③润肤护肤。天然蜂蜡本身的营养性成分可以直接作用于皮肤美容，具有收敛、亲肤、减轻皮肤油腻感的功效，是高级天然护肤佳品，见图 6–2。④消除皱纹。我国古书记载蜂蜡有益气、耐老之功效；国外报道天然蜂蜡配制的软膏能够改善皮下组织通透性，供给皮肤充足的养分，恢复肌肤弹性，明显减慢细纹的产生速度。⑤生肌。天然蜂蜡有促进创面愈合的功能，可用于皮肤的开放性损伤，对脱发、冻伤、烧烫伤等的治疗也有一定的辅助作用。日常将外用蜂蜡与内服其他蜂产品配合使用，均可对美容养生起到一定的疗效。

图6-2　白蜡面霜

天然蜂蜡的硬度较大，是良好的硬度调整剂，作为唇膏、发蜡膏等棒状产品的骨架，不但可以大大提高其可塑性，其中大量的酯类成分也能产生极佳的润肤感，还可用于口红的脱模剂。制作化妆笔是用油脂、蜡质和颜料等原料经搅拌压成条并置于木质笔杆里。天然蜂蜡的上光效果好，稳定性强，无“出汗”现象，不易碎裂，是化妆笔中蜡类原料的上佳选择。除此之外，日本已经将二十八烷醇进行单独提取并逐步推广应用于唇彩、护发素、指甲油等彩妆用品中。

（二）在医药保健领域的应用

蜡疗是一种利用蜡熔化后的保温性对身体患病部位进行治疗的方法。

蜂蜡由于其热容量较高，且导热性能弱，能长久保持温度，是蜡疗中经常使用的蜡质种类。天然蜂蜡良好的保热性、可塑性和延展性都有利于急性扭伤的康复、水肿和浮肿的消散、创面溃疡的愈合等，通过天然蜂蜡各湿热因子的配合作用可以刺激神经中枢，调节机体生理平衡，对瘀血消散、气血均衡、经络通畅、消除疼痛均有显著效果，这也是美容院选择天然蜂蜡作为蜡疗材料进行美容美体的原因所在。

天然蜂蜡作为方剂主要以膏剂和药丸形式最为多见（图 6–3），由于蜂蜡是水不溶物，用天然蜂蜡制成的蜡丸药剂可控制其在体内的释放速度，明显延长药物疗效。将蜂蜡与多孔羟基脂肪酸酯（PHA）复合作用后可构建出一种药物缓释结构体，利用蜂蜡生物降解率低的特点，制备新型的生物缓释材料。有研究证实，添加了蜂蜡的药丸壳可有效推迟被包覆中药的变质期。在外用药膏的应用上，由于蜂蜡不易被氧化，性微温，可直接烙化或作为外用软膏的附加物和膏体基料，其作用表现为可以调节膏体的黏稠度和硬度，自身消炎镇痛之功效也可用于辅助治疗。由于蜂蜡独有的清热解毒、去腐生肌、消炎镇痛作用，以蜂蜡为主要成分，在“蜂蜡膏”的基础上成功研制出纯中药外用药膏，对各种皮肤损伤和创面愈合具有显著的功效。

图 6-3　以蜂蜡作为外包装的药丸

纯蜂蜡作为中药家族的一员，可与其他中药配伍后服用，也可与食物直接加工，用于治疗气管炎、支气管哮喘和各种结核病。有资料显示，口腔嚼服蜂蜡能够对咽颊炎、鼻炎起到辅助治疗作用，并可增强呼吸系统免疫功能。另外，天然蜂蜡中的总烷醇及各种单体分离物具有明显的减少血清胆固醇、防治动脉硬化等心脑血管疾病的作用。

（三）在农林食品领域的应用

随着对天然蜂蜡研究的不断深入，如今人们开始将蜂蜡作为食品涂料、口香糖咀嚼剂及增香剂载体等，尤其是蜂蜡在蔬菜水果的保鲜运输过程中具有十分广阔的利用价值。壳聚糖和蜂蜡为基料配制成的可食性复合膜在冷冻黄桃片生理和品质等方面达到了预期的保鲜效果，蜂蜡通过堵塞黄桃片果皮上的气孔以控制呼吸和蒸腾作用的进行，从而防止水分蒸发而抑制微生物生长，延长了水果的货架期。向天然蜂蜡中加入一定量界面活性剂配成的乳浊状可食膜可以涂抹于苹果、柑橘表皮，延长储藏期限内的保鲜。

有人将卵磷脂和蜂蜡混合作为一种助悬剂，通过降低南刺五加悬浊液的表面张力，对其稳定性进行考察。结果表明，由于含有酯类和高级脂肪醇类成分，蜂蜡具有良好的乳化性能，能够减小两界面的分子间作用力，因此可以提高南刺五加混悬体系的稳定性，使其不易沉降，其用量会对体系的黏性、流变性、粒径大小等产生影响。

蜂蜡精油是将蜂蜡通过乙醇萃取后得到的一种浅黄色提取液，香气底蕴丰厚而又柔和，可作为主香剂用于饮料、焙烤食品、糖果等食品的香精中，也可用于烟用香精中，是一种难得的能赋予自然烤烟香韵的香料。将天然蜂蜡添加到动物饲料中，能够提高动物的抗体免疫抗病能力，促进细胞分裂和生长发育，且无残留，无致畸、致癌、致突变等毒副作用，可以在养殖业中逐步推广应用。

此外，天然蜂蜡在农业果树嫁接过程中可被当作创面上的病虫害胶粘剂，在农林方面再次体现了较高的利用价值。

（四）在其他领域的应用

在其他领域，天然蜂蜡同样具有十分重要的应用价值。在光电精密仪器领域，天然蜂蜡可用于抛光、光学刻度以及度盘包覆；在机械加工上，可防锈、润滑，是表面保护剂的原材料；在纺织印染业，蜂蜡中脂肪酸和高级烷醇形成的酯防虫蛀和防水效果明显，可用于装裱书画，制作蜡染材料等；在化工业上，蜂蜡可用于生产地板蜡、各种上光蜡，制作彩色铅笔、油墨、蜡光纸、鞋油、蜡烛（图 6–4）等。

图 6-4 用蜂蜡加工生产的蜡烛（李建科 摄）

四、蜂蜡生产加工工艺和技术

（一）蜂蜡生产收集

根据蜜蜂的泌蜡能力，每 2 万只工蜂一生就能分泌 1 千克蜂蜡。因此，蜂群生产蜂蜡的潜力很大，要充分利用蜂群泌蜡的积极性多生产蜂蜡，提高养蜂经济效益。一般情况下，蜂群由恢复期过渡到增殖期以后即可开始生产蜂蜡。生产蜂蜡的用具较少，主要包括采蜡框、割蜜刀、熔蜡锅、过滤用的铁纱（一般用 80 目即可）等。将采蜡框下到蜂群内边脾里侧，流蜜期每群下 2 ~ 3 个，正常繁殖期每群下 1 ~ 2 个。采蜡框上造满自然脾时即提出，用利刀割下蜡原料再重新下框。

收集蜂蜡时，应避免掺进蜂胶、花粉、木屑或他杂质，老巢脾化蜡前宜用清水充分浸泡冲洗，去除外部杂质。自然赘脾、蜜盖蜡、王台基等均为天然纯蜂蜡，最好单独熔化、保存，提高其等级与价格。蜂蜡熔化收集主要有简易热压和榨机提取两种方法。简易热压是将蜂蜡原料放入小麻袋，扎紧袋口放进大锅里加水煮沸，待熔化的蜡液渗出麻袋时，可将浮在水表面的蜡液舀入容器，待蜡液冷凝后，用刀刮去凝固在蜡下面的杂质即得纯净蜂蜡。麻袋里残留的蜡渣，须趁热用自制的简易压蜡器（厚木板的一头捆在条凳上即成）将蜡压出。榨蜡时室内温度保持在20℃以上，将蜂蜡原料放入锅内加1倍的水充分煮沸16 ~ 20分，连水带蜡装入小麻袋或特制的尼龙编织袋内，外边再套上尼龙编织的外套，放到榨蜡机的铁桶或木箱内压榨。压榨时速度不可太快，逐渐增加压力，以免一次施加压力太大而压坏蜡包，压榨30分即可。

（二）蜂蜡初加工

巢础是蜜蜂筑造巢脾的基础，蜂蜡初加工的工艺流程：化蜡→浇蜡板→压光→压巢础→切片→包装。具体操作步骤如下：

1. 化蜡

将选好的蜂蜡放入熔蜡锅内，加少量水，加热使蜂蜡熔化成蜡液，直至透明。然后在保温缸内先加热水5 ~ 10千克，再将熔透的蜡液倒入保温缸内，沉淀1.5 ~ 2小时，使杂质沉于底部，取蜡液备用。

2. 浇蜡板

将蜡液的温度保持在68 ~ 72℃，进行浇蜡板（图6–5）。一种方法是将蜡液倒入长85厘米、宽25厘米、高1 ~ 1.5厘米的木模（又叫蜡片盘）上，凝固后放入冷水中浸泡，使蜡板和木模分开。另一种方法是用长

85 厘米、宽 25 厘米、高 1. 5 ~ 2 厘米的光滑木板，先在 30℃温水中浸泡一下，再放入蜡液中反复蘸 2 ~ 3 次，然后放入水温 15 ~ 35℃的洗片槽内，凝固后取下即可。

图 6-5　工厂生产的蜂蜡蜡板（李建科　摄）

3. 压光

把蜡板浸泡在 40℃左右的温水中浸软，同时用毛刷蘸肥皂水刷洗压光机机辊，再将蜡片平整送入机辊中，均匀地摇动摇把，轻轻拉出压薄的蜡片。

4. 压巢础及切片

将压薄的蜡片，浸泡在 25 ~ 30℃的水中，然后用巢础机轧压巢础，边操作边往轴表面加肥皂水润滑，防止粘连。制成的巢础片按规定尺寸切成大小相同的片。

5. 包装

在每片巢础（图 6-6）之间放一张油光纸，以免粘连，30 片装成一盒，放置时要避免挤压。

图 6-6 蜂蜡巢础成品（吴帆 摄）

（三）蜂蜡产品深加工

1. 蜂蜡冲剂

蜂蜡冲剂的工艺流程：选料→提取→过滤→浓缩→制粒→包装。操作步骤和方法如下：

（1）选料　选用无巢虫侵害、无霉变的老巢脾，用清水清洗干净。

（2）提取　把巢脾切碎，放入锅中，加 4 ~ 5 倍的水，加热煮 1 ~ 2 小时，并不断搅拌。

（3）过滤　将熔化的蜡液倒入另一放有冷水的容器中，待蜂蜡浮于上层，将其取出。溶液过滤，除去杂质。

（4）浓缩　将滤液浓缩成膏状。

（5）制粒及包装　将粉碎后的砂糖加巢脾膏和糊精，用混合机混匀，用颗粒机制成一定大小的颗粒，于烘房内烘干，包装即成蜂蜡冲剂。

2. 蜂蜡软膏

软膏是一种半固体的药物制剂，其中的基质主要为脂类和油脂类物质（凡士林、羊毛脂等）。由于蜂蜡中含有丰富的胡萝卜素、维生素 A 等，工业生产中可以用蜂蜡和石蜡配合作为基质使用，工艺流程：选料→提取→熔化混料→冷却→包装。

提取蜂蜡后，将蜂蜡切碎，与液体石蜡混合，放入水浴锅内加热熔化。另取硼酸研细，与苯甲酸一起加入蒸馏水溶解后，加热，使温度与熔化的蜡液相近，然后徐徐加入蜡液中，并不断搅拌，放冷，直到温度到45℃时，再根据功能需要加入其他成分即可。操作过程中，蜡和水的温度很重要。加入时要慢，而且要向一个方向搅拌，以便制成细腻的软膏。

3. 三十烷醇提取工艺

蜂蜡中含有丰富的三十烷醇，而三十烷醇是一种植物生长促进剂，它对许多作物有增产作用。发达的农业国家，早在20世纪70 ~ 80年代已经全面喷施三十烷醇，作为农业丰产丰收、优化品质结构的植物生长调节剂。蜂蜡中含有较多三十烷醇，从蜂蜡中提取三十烷醇的工艺流程为：选料→皂化→提取→重结晶（多次）→成品。

（1）选料　蜂蜡、氢氧化钠、酒精、苯、四氯化碳。

（2）皂化　取中蜂蜡100克、氢氧化钠12.5克、酒精250毫升、苯500毫升于三口烧瓶中，在68 ~ 75℃下搅拌皂化6 ~ 8小时。

（3）提取　将皂化液倒入分液漏斗中，加入开水500毫升摇动，静置后分层，放掉下面的水层，留住苯层，再加500毫升开水，连续3次重复上面的步骤，将上面的苯倒入三角瓶中，冷却结晶后进行抽滤，滤渣为三十烷醇的粗品。

（4）重结晶　在85%苯中加入15%四氯化碳配成混合液，将上述混合液与三十烷醇粗品按25 ∶ 1的比例放入烧瓶，另加1%活性炭，不断搅拌，并加热（70 ～ 75℃）溶解后，趁热过滤。将滤液冷却重结晶后，再进行抽滤，并用酒精冲洗。用上述方法重结晶数次，即得纯净的粉末状白色结晶的三十烷醇，它的熔点为 85. 5 ～ 86. 5℃。

由于三十烷醇不溶于水，在喷洒前一定要配成乳化剂。其方法是：1 克的三十烷醇加 90 ～ 100 毫升 95％的酒精，在水浴锅中加热溶解，加入 100 毫升的吐温 -80，水浴加热至 90℃溶解，再加 200 ～ 300 毫升 70 ～ 80℃的热水，冷却后加水至 1 000 毫升。这种溶液中三十烷醇的浓度为 1 000 毫克 / 千克，使用时直接加水稀释后喷洒。

4. 二十八烷醇提取工艺

二十八烷醇俗称高粱醇，外观为白色粉末或鳞片状晶体，熔点为 81 ～ 83℃，密度为 0. 783 克 / 厘米^{2}（85℃时）；沸点为 200 ～ 250℃（133 帕时），可溶于热乙醇、乙醚、苯、甲苯、氯仿、二氯甲烷、石油醚等有机溶剂，不溶于水；对酸、碱、还原剂稳定，不吸潮。二十八烷醇的提取工艺流程：蜂蜡的皂化→皂化物的萃取→皂化物与不皂化物的分离→重结晶提纯。

具体操作：

（1）皂化　取 10 克蜂蜡，加入 3.6 克氢氧化钠、12 毫升的水，在温度为 85℃的条件下皂化 8 小时。

（2）萃取　将皂化产物用苯：异戊醇为 2 ∶ 8 的溶剂萃取，萃取时间为 10 分。萃取 3 次，合并萃取液。

（3）重结晶　将萃取液中的溶剂回收，溶入热的石油醚中，然后自然冷却，用布氏漏斗抽滤，即得到含量较高的二十八烷醇粗提物晶体。

另外，还可以通过分子蒸馏的技术提取二十八烷醇。

五、我国蜂蜡产业现状及相关标准

（一）我国蜂蜡产业现状

我国是蜂蜡产出大国，出口量一直排在世界第一位。2015年，我国蜂蜡出口量7 098吨，平均出口价格为5 700美元/吨，出口金额为4 048万美元。我国蜂蜡主要出口市场为欧盟、北美、韩国和俄罗斯等。2015年，我国蜂蜡对欧盟出口量为3 772吨，占我国蜂蜡对外出口的53.67%。2015年，我国蜂蜡出口企业为73家。其中民营企业48家，蜂蜡出口额占比为83.07%；国有企业9家，出口额占比为12.3%；三资企业16家，出口额占比为4.63%。

目前我国蜂蜡出口主要以保健原料为主，在应用上主要是化妆品行业，许多美容用品中都含有蜂蜡，如沐浴液、口红、胭脂等。在医药工业中，蜂蜡可用于制造牙科铸造蜡、基托蜡、黏蜡、胶囊等。蜂蜡的药用制剂价值也非常高，从中医学角度看，蜂蜡有解毒、生肌、止痛的功效，内服和外敷可主治内急心痛、久泻不止、胎动下血、久溃不敛、水火烫伤等。西医则注重蜂蜡的主要成分高级脂肪酸和高级一元醇所形成的酯，将其制成各种软膏、乳剂、栓剂，可用来治疗溃疡、烧伤和创伤等多种疾病。从近几年的贸易情况看，美国和英国市场对蜂蜡的需求明显增加，价格增长也较快。

蜂蜡主要以蜡板等中间产品进行国际贸易，可能造成多种蜜蜂疫病传播。针对《陆生动物卫生法典》（2014 版）动物疫病名录所列的 6 种蜜蜂疫病，世界动物卫生组织（OIE）评估蜂蜡携带疫病风险大小。因此，一方面应充分利用 WTO 规则，组织专家做好对有关国家 SPS 通报的评议，明确进出口贸易技术措施。另一方面畜牧兽医部门与出入境检验检疫机构联合加强对蜂场疫病疫情的监管，落实经费，在疫病高发季节深入养蜂一线实施检疫，及时公布蜜蜂疫病疫情，做好疫情监测和处置。作为出口蜂产品生产企业，一方面尽可能采购来自非疫区的蜂场的原蜂蜡，防止掺杂掺假，同时采取安全防护，并做好产品溯源管理，防止非预期的混用或污染；另一方面，对来自疫区的产品，加工企业做好风险控制，生产精制蜂蜡。

此外，值得注意的是，有的国家或地区提出了比世界动物卫生组织更为严格的检疫要求，例如俄罗斯、白俄罗斯和哈萨克斯坦海关要求入境的蜂产品（含蜂蜡），其蜂场及注册加工厂所在行政区域近 3 个月内未发生美洲幼虫腐臭病、欧洲幼虫腐臭病、蜜蜂孢子虫病。因此，出口企业不仅要注意满足世界动物卫生组织提出的疫病控制要求，履行好出口国义务，而且要注意进口国的特殊检疫条款，防止因不符合要求而被拒绝入境。

（二）我国蜂蜡行业标准

1982 年版的蜂蜡标准是我国制定的首部有关蜂蜡的质量标准，1993 年中华人民共和国商业部在原有标准基础上修订了名为《蜂蜡》的商业标准（SB/T 10190—1993），又于 2002 年颁布了《出口蜂蜡检验规程》（SN/T 1107—2002），规定了对出口原蜂蜡和用原蜂蜡加工而成的黄蜡及白蜡的抽样、制样、感官、杂质、重量、包装及理化检验。这些标准内容都不完善，很多指标都缺乏相应标准。

至2009年我国才出台蜂蜡的相关国家标准（GB/T 24314—2009），见表6–1，对熔点、酸值、碘值、皂化值、折光率、酯值、碳氢化合物测定等指标做了明确要求，并把蜂蜡等级简化分为两个等级。

表6–1　蜂蜡国家标准（GB/T 24314—2009）

<table>
<tr><th colspan="2">项目＼等级</th><th>一等品</th><th>二等品</th></tr>
<tr><td rowspan="4">感官和组织状态</td><td>颜色</td><td colspan="2">乳白、浅黄、鲜黄、黄色、橘红色</td></tr>
<tr><td>气味</td><td colspan="2">具有蜂蜡应有的香味，无异味</td></tr>
<tr><td>表面</td><td colspan="2">无光泽，波纹状隆起</td></tr>
<tr><td>断面</td><td colspan="2">切开断面，结构紧密，细腻均匀，颜色均一，无斜纹</td></tr>
<tr><td rowspan="8">理化性质</td><td>杂质(%)</td><td>≤0.3</td><td>≤0.1</td></tr>
<tr><td>熔点(℃)</td><td colspan="2">62.0～67.0</td></tr>
<tr><td>折光率(75.0℃)</td><td colspan="2">1.441 0～1.443 0</td></tr>
<tr><td>酸值(以氢氧化钾计)(毫克/克)</td><td>东方蜂蜡 5.0～8.0</td><td>西方蜂蜡 16.0～23.0</td></tr>
<tr><td>皂化值(以氢氧化钾计)(毫克/克)</td><td colspan="2">75.0～110</td></tr>
<tr><td rowspan="2">酯质(以氢氧化钾计)(毫克/克)</td><td>东方蜂蜡 80.0～95.0</td><td>东方蜂蜡 70.0～79.0</td></tr>
<tr><td>西方蜂蜡 70.0～80.0</td><td>西方蜂蜡 60.0～69.0</td></tr>
<tr><td>碳氢化合物(%)</td><td>16.5</td><td>18.0</td></tr>
</table>

近年来，我国的养蜂条件，诸如蜂种、蜜源、气候、环境、生产方式等方面都存在较大的差异，原来蜂蜡标准中的质量指标已经不能完全符合

实际情况，还有待研究解决。蜂蜡作为食品和中药制剂中重要的原料，有专家建议制定更完善的蜂蜡国家标准以及对蜂蜡标准进行强制性实施，所以在拟定标准时，不但要严抓控制质量的各项指标，又要考虑到执行的可操作性。现阶段，蜂蜡中掺杂行为愈发严重，掺杂掺假技术猖獗，已经影响蜂产品行业的健康发展和出口贸易。通过感官检验和理化检验虽可以对蜂蜡的某些指标进行检测，但仅凭物理方法是远远不够的，因此，对天然蜂蜡的理化特性及有效成分进行深入研究，确定分析方法和相关数据，可以为制定天然蜂蜡的质量标准提供较为可靠的理论数据和技术参考。

■ 主要参考文献

[1] 陈露，吴珍红，廖晓青．蜂王浆的研究现状［J］．中国蜂业，2012，63: 52-54.

[2] 陈盛禄．中国蜜蜂学［M］．北京：中国农业出版社，2001.

[3] 陈惟馨．蜂蜡的应用概述［J］．明胶科学与技术，2006，26（3）：153-160.

[4] 陈旭，丁艳进，雍克岚．功能型蜂胶凝胶糖的研制［J］．食品研究与开发，2009，30（4）：75-78.

[5] 董捷，张红城，尹策，等．蜂胶研究的最新进展［J］．食品科学，2007，28（9）：637-642.

[6] 胡静波，张玉军，陈方平，等．粗制蜂蜡脱色过程研究［J］．安徽农业科学，2011，39（4）：2 297-2 299.

[7] 顾雪竹，李先瑞，钟银燕，等．蜂蜜的现代研究及应用［J］．中国实验方剂学杂志，2007，13（6）：70-73.

[8] 孔瑾，高晗，张中印，等．固体蜂蜜饮料工艺技术研究［J］．食品研究与开发，2014，35（20）：61-64.

[9] 郦金龙，赵文婷，王盼，等．蜂胶的研究应用进展［J］．中国食物与营养，2011，17（6）：20-24.

[10] 李英华，胡福良，朱威，等．我国花粉化学成分的研究进展［J］．养蜂科技，2005，（4）：7-16.

[11] 刘进，徐怀德．蜂王浆 10-HDA 提取和饮料加工技术研究［J］．食品研究与开发，2003，24（6）：53-55.

[12] 沈伟征，贾英杰．蜂胶软胶囊产品开发与制备［J］．食品工业，2014，35（8）：175-177.

[13] 孙长波，张晶．蜂蜜化学成分研究概况［J］．农业技术，2014，34（8）：243-244.

[14] 孙丽萍，田文礼．实用蜂产品加工技术［M］．北京：化学工业出版社，2009.

[15] 孙哲贤．我国蜂王浆生产现状及改进意见［J］．中国蜂业，2013，63: 44-

46.
[16] 王海岩．花粉资源的开发利用[J]．中国食物与营养，2006(12)：24-25.
[17] 王琳，王瑶．蜂毒研究进展[J]．实用全科医学，2007，5(8)：734-735.
[18] 吴忠高．蜂花粉深加工产品开发研究进展[J]．中国蜂业，2014，65: 38-40.
[19] 闫继红．蜂产品深加工与配方技术[M]．北京：中国农业科学技术出版社，2005.
[20] 余茂耘，韦传宝．蜂毒生物制品及其临床应用价值[J]．中国临床康复，2004，8(5)：944-945.
[21] 袁玉伟，张志恒，叶雪珠，等．蜂蜜掺假技术的研究进展与对策建议[J]．食品科学，2010，31(9)：318-322.
[22] 张翠平，胡福良．蜂胶中的黄酮类化合物[J]．天然产物研究与开发，2009，21: 1 084-1 090.
[23] 赵亚周，田文礼，胡熠凡，等．蜜蜂蜂王浆主蛋白(MRJPs)的研究进展[J]．应用昆虫学报，2012，49(5)：1 345-1 353.
[24] 周康，杨芳，姚娜，等．花粉的营养及功能概述[J]．农产品加工，2013，11(10)：60-63.
[25] 朱威，胡福良，李英华，等．蜂蜜的抗菌机理及其抗菌效果的影响因素[J]．天然产物研究与开发，2004，16(4)：372-375.
[26] LI J，FENG M，ZHANG L，et al. Proteomics analysis of major royal jelly protein changes under different storage conditions[J]. Proteome Res. 2008，7(8)．3 339-3 353.